Make:
Soft Robotics

自己动手制作
软体机器人

[美] **Matthew Borgatti　Kari Love** 著

王鹏　王志扬　余波 译

机械工业出版社
China Machine Press

图书在版编目（CIP）数据

自己动手制作软体机器人 / (美) 马修·博格蒂 (Matthew Borgatti)，(美) 卡里·洛夫 (Kari Love) 著；王鹏，王志扬，余波译 . —北京：机械工业出版社，2020.9

书名原文：Soft Robotics: A DIY Introduction to Squishy, Stretchy, and Flexible Robots

ISBN 978-7-111-66512-0

I. 自… II. ①马… ②卡… ③王… ④王… ⑤余… III. 机器人 – 制作 IV. TP242

中国版本图书馆 CIP 数据核字（2020）第 170057 号

北京市版权局著作权合同登记

图字：01-2020-1332 号

©2020 of first publication of the Translation China Machine Press.

Authorized Simplified Chinese translation of the English edition of Soft Robotics: A DIY Introduction to Squishy, Stretchy, and Flexible Robots (ISBN 978-1680450934) © 2018 published by Maker Media, Inc. This translation is published and sold by permission of O'Reilly Media, Inc., which owns or controls all rights to sell the same.

英文原版由 Maker Media, Inc. 出版 2018。

简体中文版由机械工业出版社出版 2020。英文原版的翻译得到 O'Reilly Media, Inc. 的授权。此简体中文版的出版和销售得到出版权和销售权的所有者——O'Reilly Media, Inc. 的许可。

封底无防伪标均为盗版

本书法律顾问

北京大成律师事务所 韩光 / 邹晓东

书　　　名 / 自己动手制作软体机器人

书　　　号 / ISBN 978-7-111-66512-0

责任编辑 / 赵亮宇

封面设计 / Maureen Forys, Happenstance Type-0-Rama，马冬燕

出版发行 / 机械工业出版社

地　　　址 / 北京市西城区百万庄大街 22 号（邮政编码 100037）

印　　　刷 / 中国电影出版社印刷厂

开　　　本 / 186 毫米 ×240 毫米　16 开本　12.5 印张

版　　　次 / 2020 年 9 月第 1 版　2020 年 9 月第 1 次印刷

定　　　价 / 119.00 元（册）

客服热线：(010) 88379426　88361066

购书热线：(010) 68326294　88379649　68995259

投稿热线：(010) 88379604

读者信箱：hzit@hzbook.com

中文版推荐序

美国 Maker Media 公司推出的以软体机器人为题材的科普读物 Soft Robotics: A DIY Introduction to Squishy, Stretchy, and Flexible Robots 由机械工业出版社引进，并翻译为中文版《自己动手制作软体机器人》。原作者之一 Matthew Borgatti 在软体机器人领域从事了多年的研究、设计和开发工作。书中基于 STEM 教育的模式，介绍了很多软体机器人创新实践方法和创意设计思维，值得中国读者学习。作为一名关注青少年机器人及创客活动的普通教师，我希望将这本书及其推崇的国际先进教育理念和方法推荐给广大青少年及创客朋友以作参考。

作为软体机器人领域的入门科普读物，本书内容具有以下几个特点：

1）本书介绍的软体机器人涉及机器人技术的前沿领域，也是实现智能、安全、柔顺的"人机交互"必将经历的途径之一，应得到青少年和教育工作者的关注和研究。

2）软体机器人是一门多学科深入交叉融合的学科领域，特别是本书中介绍的有关仿生学的概念及应用，能够拓宽青少年的研究视野和思维，鼓励他们关注人类身边的生物行为特性，并应用到机器人的设计与创造中。

3）软体机器人的制作充满创客活动的特点，但回避了创客活动中过多的开放性。同时，软体机器人的制作属于机器人领域，但又不受品牌机器人结构件系统对创新形成的制约，可以充分利用生活中常见或容易购买的材料制作，是值得推广和普及的创新活动形态。本书中设计的项目所需使用的材料和工具大部分可以在超市或网上购买。

4）与传统刚性机器人不同，软体机器人的评价体系将不再以客观评判作为全部标准，主观评价以及设计作品在生活中的应用价值和设计思维将成为鼓励创意的导向，符合未来人才的评价特点。

5）软体机器人突破了传统机器人对机械结构设计及传统加工工艺的依赖。本书中介绍的通过 3D 打印的方式制作模具，并使用硅胶制作软体机器人的方式令人惊喜，值得推崇。3D 打印的快速性让加工和制作变得方便简单，能够提高青少年动手实践的趣味性，也为青少年快速将自己的创新想法变成现实提供了动力。

软体机器人在现阶段还是一个全新的领域，与之有关的创客活动也在起步与探索阶段。本书介绍的思想和方法有望成为引领这一趋势的先行者。未来，软体机器人活动可能会成为普遍性的机器人创客活动形式，在各种展示与竞赛中显现。由此产生的相关课程也非常容易实现线上学习模式，也一定会吸引更多青少年参加这项活动。本书译者在机器人领域研究多年，对相关技术的现状和发展趋势有充分的了解。本书译文通俗易读，既保留了原文中语言风格的生动准确，也保证了行文的通顺自然。

最后，祝愿本书的所有读者在软体机器人的实践历程中锻炼自己的思维和动手能力，收获属于自己的成功！

郑方
清华大学人工智能研究院听觉智能
研究中心主任
北京信息科学与技术国家研究中心
智能科学部常务副主任

译者序

一花见春，一叶知秋，观滴水可知沧海。恒沙微尘，常是浩瀚宇宙的缩影，无限往往孕育于有限之中。从显微镜下的马氏变形虫到遨游太空的探测器，从昆虫腿上的刚毛到沙漠中成群结队的风滚草，从餐桌上新鲜美味的蛤蜊到近年新发现的奇妙多肉植物"米其林小人"，在还未阅读本书之前，你很难将它们联系在一起。然而世间万物就是这么奇特，虽处于自然界中早已被安排好的位置，但也在想方设法散发着它们的美好光彩。只有懂得见微知著的人才能真正领略到这份奇特。

作为"千禧一代"，我们比父辈幸运许多，算是真正伴随着科技革新与产业变革诞生和成长的一代。经历过从蓝屏翻盖手机到诺基亚、苹果和华为手机，再到现在方兴未艾的5G技术，体验过从以前拥挤颠簸的面包车到现在环保舒适的电动汽车，更体验过从劳动密集型的手工流水生产线到现在的由智能机器人替代的无人工厂。在这些日新月异的技术革新进程中，从来不缺乏见微知著、从大自然获取宝贵灵感的例子。本书向你介绍的软体机器人自然也不例外。

21世纪第二个十年，"第四次工业革命"的巨大浪潮悄然席卷全球。机器人技术作为其中不可或缺的一席，已经历数十年的发展，进入了一个全新的时代。这种以计算机技术和自动控制技术为基础，深度融合制造技术、信息技术，甚至生物化学技术、分子纳米技术的先进产物，已经悄无声息地来到我们身边。我们不禁要思考一个问题，在未来，机器人到底应该是怎样的一种存在？也许在每个人的脑海中都有着不同的憧憬，但智能化、网络化、柔性化是机器人发展的大势所趋。其中，以软体机器人为代表的柔性化技术是必不可少的发展方向。作为一个全新的概念，软体机器人开始真正呈现在人们眼前也是近几年的事情，此前一直只是活跃在科研人员的先进实验室里，隐藏在晦涩难懂的学术论文中，或者偶尔闪现在好莱坞导演的大片镜头下。然而，大自然中有很多柔性的生物，即便是最坚硬的硬壳动物也不能缺少柔性的隔膜或腔肠。结合柔性材料和柔性技术的巨大优势，未来的机器人在灵巧操作、医学手术、太空行走、深海勘探等领域都有望实现颠覆性的突破。

本书以仿生学为切入点，从自然界中各类生物出发，徐徐向读者展开一张张细致入微的软体机器人解剖图。作为一本科普性质的软体机器人读物，本书不仅向读者介绍了各种软体机器人的概念和应用，展现了软体机器人相比于传统刚性机器人的独特性质，更通过一个个具体的手工制作项目，带领读者亲身感受软体机器人的无限魅力。本书旨在让所有人，尤其是青少年，都拥有亲自设计和创造未来的机会。青少年读者可以通过书中的项目实例，在实践中熟悉和掌握机械加工、材料成型、自动控制与程序设计方面的入门知识；大学生读者可以通过各章介绍的背景知识，了解软体机器人领域前沿的研究现状和技术发展趋势，为今后在相关领域探索深造建立更加直观的体系；已经工作的读者也能从书中一个个生动的例子，重新认识身边看似寻常却充满智慧的大自然。希望所有读者都能保持一颗好奇心，热爱自然、见微知著，热爱生活、享受时光！

全书共分为 14 章。第 1 章对软体机器人的概念、作用、现状和挑战进行了简要的概述。第 2 章介绍了软体机器人在航天探索领域的应用。第 3 ~ 14 章向读者介绍了软体机器人领域常用的工具、装备和制造技术，并通过步骤详尽的手工项目让读者快速上手，从制作简单的系统模块开始，逐渐搭建出一套完整的仿生软体机器人系统，从而领会自然界中的几种生物对软体机器人的设计与应用带来怎样的启发。

本书由王鹏、王志扬和余波翻译，其中，王志扬翻译了第 1 ~ 2 章、第 4 ~ 5 章、第 11 ~ 13 章及致谢、序言和前言部分，王鹏翻译了第 3 章、第 6 ~ 10 章及第 14 章，余波对全书进行了统稿。前人说，"美文不可译，译者不可量"，本书的翻译工作对我们来说是个严峻的挑战，因为作为译者，不但要准确理解文中复杂的专业技术知识，还要拥有不逊于作者的艺术想象力，更需要对两种语言游刃有余地加以把握。由于本书涉及的知识领域较新，技术范围较广，限于译者水平，翻译过程中难免存在疏漏和错误，恳请读者批评指正。

本书的翻译得到了香港中文大学夏贤峰博士的大力支持，同时香港中文大学的叶敏馨同学、四川外国语大学成都学院的夏思聪老师、中国科学院深圳先进技术研究院的路中华研究员也为本书的翻译做出了贡献。最后，要特别感谢机械工业出版社的资深编辑，他们在文字编辑方面的经验和建议为本书的顺利出版提供了权威的保障。

王鹏、王志扬、余波
2020 年 3 月

目　录

致 谢

如果没有朋友、家人和同事的鼎力相助，我们不可能完成本书。我们要特别感谢 Aidan Leitch 将本书中所有的实验项目都一一完成了一遍，并提出了宝贵的改进建议。作为我们的忠实读者，Aidan 的心声一直指引着我们的编写方向，激励着我们为帮助读者读懂此书并学会搭建自己的软体机器人而不懈努力。

我们还要感谢 Maker Media 公司的编辑 Brian Jepson、Anna Kaziunas France、Roger Stewart 和 Patrick DiJusto。将全书内容完整地呈现出来，是经历了无数个小时的讨论、无数次的头脑风暴，以及无数次礼貌地请求延期这一过程的结果（套用 Douglas Adams 的一句名言：截止日期前的时光流逝带来的嗖嗖声是美妙的）。感谢他们的努力，让这本书呈现出极致的阅读体验。

我们要感谢 Chris Atkeson，他的工作一直启发和激励着世界各地的软体机器人学者。在我们刚开始探索软体机器人技术时，他就给予了我们莫大的鼓励。同时，他也为本书撰写了序言。Mason Peck 和 Vytas Sunspiral 的研究在第 2 章中均有所涉及，他们不仅提供了珍贵的资料，更慷慨地贡献了他们的宝贵时间和专业知识。作家 Alison Wilgus 在对本章的审阅中补充了关于太空探测器和人类太空飞行的丰富知识。在此一并表示感谢。

在本书的撰写过程中，NYC Resistor 创客社区为我们提供了一个极佳的讨论平台。在这个社区里的众多牛人中，我们要特别感谢 Trammel Hudson 对气动控制系统项目的贡献以及 Max Whitney 对我们工作的鼓励。

作为未来潜力无穷的软体机器人专家，纽约大学交互通信项目（Interactive Telecommunications Program，ITP）的学生通过一系列颇有见地的提问，为本书提供了丰富的灵感来源。他们每个人的课程设计项目都给我们带来了惊喜，这令我们很兴奋，我们对其中一位同学 Ella Dagan 表示感谢，编写本书第 3 章时就借鉴了她在课程设计中独具匠心的创意灵感。

同时，我们也要感谢 Phil Guie 提供的反馈，使我们确保书中的解释能够准确地描述那些全新的软体机器人，也感谢他在全书写作过程中给予我们的支持。

序 言

本书的一大愿景就是让每个人，尤其是每个年龄段的学生，都能搭建出属于自己的机器人。制作软体机器人要比制作金属材质的机器人简单得多，也便宜得多。你在厨房里就能找到很多可以制作软体机器人的工具，而制作软体机器人所需要掌握的技能也许和你做饭或者做衣服所需要的技能相差无几。像做饭或者做衣服那样来制作机器人是每个人都能做到的事情，而本书就能够让你亲手做出一个软体机器人。与其他 Maker Media 系列丛书一样，本书致力于通过一些非常实用的细节告诉读者应该如何真正地开始动手制作。

在接受中国的电视台采访时，我曾说过，我非常倡导赋予每个人创造未来的能力，包括青少年和儿童。但人们通常很难理解我们应该如何让下一代创造属于他们的未来。他们认为，未来总是掌握在成年人手中。创造未来是创客运动的一大优势，而软体机器人技术正在成为这项运动中愈加重要的一部分，我为此感到兴奋。

当我出生的时候，苏联发射的人造卫星"伴侣号"（Sputnik）仅仅在轨运行了一年多，那时候的计算机仍然需要用到很多真空管，大到可以占用整个房间，而世界上第一台机器人 Unimate 刚刚诞生。

小时候，我每天都想着能制作自己的小电器，而那时能找到的说明书通常都是制作收音机或者电动机的。所需要的原材料主要是制造麦克风用的碳粉和缠绕电磁铁或电感器用的电铃线。这对我来说简直像魔咒一样。你甚至必须拿到许可证才能真正使用你制作的收音机。我发现这非常令人沮丧，所以直到晶体管革命⊖开始，可以买到合适的电子元件，比如集成电路时，我才开始进入电子学以及之后的机器人学领域。如果那时候就有这本书以及 Maker Media 公司营造的创客氛围，我的技术生涯也许会是另一番景象。

在我上大学的时候，有关 DNA 技术的新闻整日占据着头条，于是我大学主修了生物化学。但当我发现所有的实验都难以成功时，我果断放弃了这个专业。由于缺乏必要的实践知识、技能和技巧，结果什么也做不好。这本书，以及书中生动翔实的制作技巧，比如怎样制作一个能用的模具，使我的能力得到了极大的提高。本书提供了大量关于软体机器人技术的知识。虽然很多东西我之前就已经做过，但书中的操作说明仍然让我觉得受益匪浅。

与柔软、有弹性和灵活的东西打交道是很有趣的，这也有助于你建立对软体

⊖ 指 1947 年晶体管的诞生对电子工业领域带来的革命性影响。——译者注

工程的直观感受。软体工程和使用刚性材料的工程有很大区别。工业革命是通过可重复使用的材料和不断提高的零件加工精度促成的，这种方法的关键在于刚性材料，以及坚硬和笨重的机器能够精确地切割这些材料。在某种程度上，软体机器人技术也会涉及可重复使用的材料，这些材料可以精确地组装成相同的形状。但通过研究出如何使用便宜、可变的材料以及不那么贵重的机器来设计与控制机器人，我们已经向前迈出了一大步。

让我来告诉你为什么我认为软体机器人是机器人领域的下一个转折点，以及迪士尼电影《超能陆战队》中软体充气医护机器人大白的故事。

在与金属制成的机器人打了20年交道后，我开始转向软体机器人。我知道我一直在研究的终结者式机器人对身边的人始终是个威胁。我不相信我们能完全消除事故的风险，例如机器人跌倒在宠物或者小孩的身上，而仅仅为了降低这一风险所需付出的代价是非常高的。计算机会崩溃，电子元件会失效，软件也会有漏洞，所以基于软件的安全性防护所能做到的极其有限。即使是设计精良的本田ASIMO机器人也在公开发布会上摔倒在地（YouTube网站上可以找到视频）。想象一下用推土机一样的机器人刷牙，刷完以后你的牙齿也就没有了吧！

于是，我的理念变成了"减轻质量"。如果能制造出非常轻盈、柔软的机器人，那么它们的动量和能量（包括动能和势能）就会很小，造成的伤害也会更小。我开始思考一个问题："我们怎样才能制造出轻盈、柔软的机器人？"最终，我想到我们可以制造出像动物气球一样的机器人。我也受到Zodiac橡皮艇的启发，橡皮艇总是非常结实耐用。虽然我们平时也可能会被充气的泳池玩具弄伤，但这毕竟很少发生。这个想法促使我的学生Siddharth Sanan开发出一种充气手臂。当一位迪士尼电影导演参观我们的实验室时，了解了这只手臂以及它所面向的个人医护领域的应用，于是，大白的灵感就由此产生了。后来，这部电影产生了巨大的影响。我希望这本书会产生更大的影响，激励着读者们创造出下一个大白。也许，你所制作的其中一个机器人就会出现在未来的电影中！

克里斯·阿特克森（Chris Atkeson）
卡内基梅隆大学机器人研究所和人机交互
研究所教授
迪士尼电影《超能陆战队》"大白"之父

㊀ 本书中也译为柔性工程。——译者注

为什么要关注软体机器人

什么是软体机器人

　　当提起机器人时，你会想起什么？是像《星际迷航：下一代》中的 Data 那样的仿人机器人，还是一块块积木堆成的玩具机器人？是电影《黑客帝国》中的机械乌贼，还是工厂中焊接汽车的工业机械臂？这些标志性的机器人有一个共同点：它们几乎全部都是由刚性部件构成的。软体机器人则是由柔性部件构成（见图 1）。

　　简单地说，机器人是一种能够自动执行一系列复杂动作的机器。更

图 1　Glaucus 充气软体机器人——Super-Releaser Robotics 公司
开发的一种开源软体机器人

突出的一个特点是，机器人是一种可以由计算机编程的机器。机器人这个概念的范围有多广，从每天我们身边能见到多少机器人就可见一斑。机器人已经成为丰富日常生活的重要工具。我们甚至已经在软体机器人的包围之下了。可能我们并不称它们为软体机器人，它们可能就是发生车祸时精确弹射而出的汽车安全气囊，也可能是抬起整栋建筑物来修复地基的气囊式气动千斤顶。

如果说传统的机器人主要是由刚性部件构成，例如金属或者塑料，那么软体机器人（soft robot）就是一种由柔软和有弹性的材料作为主要部件制成的机器人。这些部件可能来自许多不同种类的材料，比如织物、纸张、柔性塑料、硅胶或者其他橡胶类制品。甚至活的心脏细胞也曾被用于软体机器人的制造。

柔顺性

软体机器人领域仍然在发展，研究人员使用的术语也在随之发展。该领域的一大显著特征是软体机器人的柔顺性（compliance）。柔顺性是一个专业术语，大致是柔软性的意思。但是，柔顺性比柔软性的意思更加丰富：柔顺性不仅仅描述摸起来的感觉，还描述系统的工作方式。机械系统的柔顺性主要表现在两个方面：一是构成系统的材料具有柔软性，二是系统对输入的响应具有顺从性。

行为柔顺性（behavioral compliance）是指机器人通过某种感知来对环境做出反应，然后控制系统的执行机构运动。一个很好的例子就是机器人手臂从空中接球。如果你每次投球的方式都完全一样，那么机械臂只要重复同样的动作就能接住球。但如果物体不同了，扔出的速度也变了，那么你必须让机器人对这些变化做出反应。这可以通过摄像头观察物体并计算出机器人应该移动到的位置来实现，也可以通过机器人手指上的传感器检测物体抓持的状态来实现。诸如此类对变化环境的适应便是行为柔顺性。

内在柔顺性（embodied compliance）描述了由柔性材料构成的系统受力时的特性。柔性材料不会像脆糖饼干一样被折断，而是会被挤压、拉伸、弯曲、压缩或发生膨胀。回想一下透明的塑料外带盒，盒子的铰接部分正好模压在两个外壳的中线上，这就是一种柔顺的机构，在包装被折叠的时候便发生弯曲。还有一些设备也体现出柔顺性，比如一体式模制钳子，它由四个铰链连接在一起，当你开合手柄时，铰链便形成了一个能够打开和关闭的小夹子（见图2）。

图2 活铰链型钳子

如果你观察当前已经开发出的软体机器人，你就会发现很少有完全不使用刚性部件的。大部分软体机器人都不是单纯用柔性材料做成的，即使有也是个例。目前正在研究的大多数软体机器人，其控制系统或者电源系统都包含一些刚性部件。除此之外，混合机器人同时使用柔性和刚性部件。本书并不是从一个绝对的角度去讨论，相反，所考虑的大部分情形属于混合机器人的范畴，并且重点关注那些主要功能部件是柔性材料的机器人。

软体机器人技术是一个潜力巨大的全新领域。尽管还处于萌芽阶段，少为人知，但它将彻底改变人类与机器的交互方式。软体机器人技术建立在对物体如何弯折、拉伸和扭曲的理解之上，这与机械工程的传统视角完全不同——传统机械工程试图尽可能地消除物体的这些特性所带来的影响。而在软体机器人领域，除了传统的机械工程之外，我们还有另一条路可走，那就是利用物体的柔软性。

什么是柔软性

到目前为止，我们一直在讨论柔软性，把柔软性和坚硬性或刚性相对应。柔软（soft）这个词在英文中有很多不同的意思，对这个词的定义有很多，但大多互相之间没有什么关系。即便抛开那些用来形容声音、个性、感情、困难程度等的意思，我们仍然会找出"柔软"这个词能够表达的很多物理性质。

用最简单的术语来说，软体机器人经常会用到能够弯曲、挤压或拉伸的材料。换句话说，软体机器人技术主要利用物体的柔韧性（flexibility，在不折断的情况下物体能被弯曲的能力）、压缩弹性（compressive elasticity，物体被挤压然后恢复到原来的形状的能力），或者拉伸弹性（tensile elasticity，物体被拉伸然后恢复到原来的形状的能力）。这些具有柔软性的材料最适合用在机器人上，因为它们让机器人能够执行重复循环的运动。与此相反的是，如果一个力作用在一个物体上，而物体没有恢复到原来的形状，那么这个物体就发生了塑性变形（plastic deformation）。

还有一些其他的柔软性的测量方法，这些方法没有考虑到材料在力的作用下是否会发生永久形变，就比如你使一块铜板凹陷，它就不会恢复到原来的形状。硬度计能测量物体被压缩的程度，但这与弹性无关。所以用硬度计测量一块水果和一块橡胶的硬度，得到的数值可能一样，但测试后两种物体的最终状态会有很大的不同。这些形式的柔软性在机器人中可能会有一些实用的案例，但是这些应用并不常见。因为尽管可以利用这些柔软性制作出单一实例物体，但这一过程却很难重复。而自动化的可重复性才是机器人技术的最大优势之一。

还有一些其他种类的触感柔软性，比如光滑性、柔滑性、丝滑性等，这些特性无论在与人类交互的关系上，还是在对摩擦等物理现象的描述上，都可能成为机器人专家会用到的性能指标。

一种柔性材料可以具有上述任何一种特性，也可以同时具有多种特性。橡胶就同时具有柔韧性、压缩弹性和拉伸弹性。在多数情况下，当提到软体机器人时，我们用来描述它们的很多术语都是相通的，而在其他一些情况下，我们可能会根据具体功能的需要使用特定形式的柔软性来描述机器人的特性。

材质和形态

柔软性是材料组成因素或形态的一种表现性质。材料的柔软性是非常直观的。我们知道橡胶可以被压缩和拉伸，这些都是橡胶的重要特性。

不那么直观的是，钢铁也能表现出所有这些特性。如果你把铁挤压成细铁丝、编织成电缆或把它连接成链状，它就变得柔软了。如果你把它织成钢丝球，那它也能被压缩和压扁。当然，金属弹簧也是有弹性的。钢铁很容易被归入"刚性材料"的范畴，但钢索、钢丝球、铰链和弹簧都是我们塑造这种刚性材料的例子，通过加工赋予了这些刚性材料柔韧性、压缩性和弹性。

从材料的形态所产生的柔软性的角度来说，纤维织物提供了更好的例子。柔韧性是大多数纺织品的一个特性，但不是所有的织物都是可拉伸的。在纺织品中，有一些有弹性的线，比如乳胶，它们本身是可以拉伸的。把稳定但有柔韧性的线织成弹力织物也是很常见的。针织面料在受力变形和线条相互滑动的情况下，从线间的空隙处伸展开来（见图3）。一件100%棉的针织T恤是很有弹性的，尽管纤维本身可能根本没有弹性。

软体机器人设计师和工程师可以通过控制材质和形态的组合来改变或放大柔软性的效果。在研究软体机器人时，最好考虑清楚柔软性到底是来自形态、材质还是两者的结合。这进一步加深了你的整体理解，并为你打开思路、创造出巧妙的设计奠定了基础。

图 3　密密编织起来的织物

自然世界中的软体机器人

发展软体机器人技术的巨大动力来自人们对开发仿生机器人的浓厚兴趣。科学家和工程师希望重现自然界中成功的设计模式。许多传统的机器人专家发现，仅仅使用刚性材料设计和制作机器人会遇到很多限制。看看自然界中的例子就很容易理解这一点了：自然界中的所有生物要么是完全柔软的，要么是软硬结合的。即使是像蜘蛛和螃蟹这样的硬壳动物，也需要柔软的肌肉和灵活的瓣膜来驱动周围液体的流动。我们自己的骨骼系统不仅仅是硬的，因为骨骼系统不仅包括骨头，还包括骨头空隙之间的软骨、肌腱和韧带等软体组织，它们紧密地调节着刚性结构之间的关系。

骨骼系统是软硬动态结合的系统。但在人类创造的世界里，我们看到的却恰恰相反。多数设计的运动物体都是由刚性部件构成的。随着时间的推移，许多眼光长远的机器人专家开始在他们的设计中加入柔性部件，使柔性材料迅速发展成为软体机器人领域的新兴研究方向。这也使得软体机器人在仿生机器人研究中继续发挥着核心作用。

从仿生学到生物启发

当研究人员从大自然中获取灵感来进行机器人的设计时，他们经常提到的术语包括仿生机器人（biomimetic robot）、生物启发式机器人（bioinspired robot）和生物机器人（biological robot）。我们用简单的定义来区分一下这些术语的含义：仿生机器人可以直接模仿自然世界的形式和运动；生物启发式机器人从自然世界中汲取灵感，并重新将这些灵感融入新的应用和环境中；生物机器人是由活的生物材料，如肌肉组织组成的机器人。

虽然软体机器人学是从仿生学的概念发展起来的，但随着时间的推移，这个领域更多地转向了生物启发的概念。举个大家熟悉的例子，魔术贴（也就是尼龙搭扣）就是受生物启发而产生的柔性工程。它的灵感来源就是芒刺（就是你沿着绿道散步时衣服沾上的小刺，见图4）。绑住尼龙搭扣环边的小钩子不是仿生的，因为它并不是从自然界现有的形态中直接复制过来的。相反，尼龙搭扣借鉴了自然界中一

图4 像魔术贴一样带钩的芒刺

种实用的特性来形成一个柔软而灵活的系统。完全照搬自然界中的机制并不一定会产生有效的结果。然而，如果我们理解了自然界生物的内在机制和设计，就会发现从现有的生物中可以获取的解决方案是非常丰富的，因此我们可以通过生物的启发来设计和改造机器人。

生物启发式的设计是软体机器人领域的一个基本组成部分，但很难简单地通过几个例子来解释。在自然界中，你可以看到大象用鼻子以各种方式捡起物体。大象可以通过扭动鼻子，用鼻子末端缠绕物体来抓住它们，也可以用它的鼻孔吸气，从而吸附物体。这些独立的功能都可以成为设计软体机器人的灵感来源。

除了执行机构之外，生物启发式的软体机器人也可能从复杂系统的某个部分中提炼而来。人类的皮肤是一个集众多功能于一身的器官，它像一道屏障，将我们体内的器官保护起来。同时，皮肤也负责处理各种类型的感知，调节体温，在受伤时促进伤口的自愈，并配合体表的毛发为身体提供一个干燥的润滑环境。除非你是打算直接开发基于人类皮肤的技术（比如植皮之类的），否则你一定能从皮肤的某个方面获得启发，从而产生无数的新想法。目前在软体机器人领域已经涌现出了一些研究工作，将皮肤的自我修复功能衍生为设计灵感，使皮肤的这种自然属性在设计出的机构中重新得以诠释。

软体机器人的另一个较小的组成部分是生物机器人，这一领域涉及对生物本身的操纵。"赛博格"（cyborg）机器人是活体的生物组织与人造器官结合而成的新概念。这一充满无限可能的领域极大地得益于实验室器官培育技术和基因工程的发展。虽然现阶段研究人员开发的仅仅是小型的生物机器人，但耐用的生物混合系统却更加有望发展成熟，并为脑机接口的实现铺平道路。

自然界中的柔顺性

生物体是柔顺行为和柔顺材料的结合体。鸟类的脚是自然界中这种结合的一个很好的例子。鸟类大多栖息在树枝上，它们的脚上有一种特殊的构造，使它们能够轻易地在树枝上自然站立。鸟类的前脚趾和后脚趾之间有一条可伸展的肌腱，保证只要鸟的重心在树枝上，它们的脚就能牢牢地抓住树枝，即使睡着了也不会掉下来。而且鸟类能够把脚作为灵巧的工具使用，像我们人类使用手一样。由柔性肌腱产生的被动抓取体现出鸟的脚具有内在柔顺性，也就是材料柔顺性；能够使用同样的系统来做许多复杂的事情，比如梳理毛发和抓取种子，则表现出鸟类的脚还具有行为柔顺性。

乌贼的喙形嘴（见图5）也是一种神奇的柔顺结构。乌贼几乎完全是柔软的。乌贼身体的软硬程度和西红柿一样，但它们却有一个像鸟的喙一样坚硬的嘴。这让它们可以吃比它们本身更坚硬的东西。它们怎么从柔软的脸上长出这样一个坚硬的吃饭工具呢？答案就是靠它的柔顺性。

图 5　巨型乌贼的喙形嘴和它连接的肌肉

图片来源："Giant Squid Beak and Buccal Mass"，由 Wikimedia Commons 网站 Smithsonian Institution 提供，在公共领域授权许可协议下发布

如果你观察乌贼的喙形嘴是如何附着在身体上的，你会发现喙形嘴和身体之间没有什么突变的间隙。乌贼的喙形嘴有一个可扩展的结构，能平滑地从喙过渡到头部。随着喙形嘴逐渐深入头部，它的结构就会变得越来越柔软。

乌贼的喙形嘴是由一种坚硬的富含蛋白质的化合物构成的，这种化合物叫作几丁质（chitin）。这种物质的外层非常疏水（hydrophobic），这意味着它的结构中没有多少水。随着喙形嘴逐渐进入身体内，这种坚硬的结构变得更亲水（hydrophilic），将使更多的水整合到蛋白质晶格中。当喙形嘴进入乌贼的外套腔时，它就会变软，这使乌贼的喙形嘴能与它柔软的肌肉结构平滑地融合。当乌贼移动时，来自喙形嘴的力线自然地分布在乌贼身体的其余部

分。这种结构上的柔软性也让乌贼的整体结构发生了巨大变化。喙形嘴的柔顺性使乌贼撕咬物体的力能够分布在一个大的区域，这使得乌贼身体的其他部分能够吸收高压而不会分离。

在本书中，我们将从自然界中学习很多技巧，并将它们与材料科学、快速原型和数字制造等技术中的创新结合起来。我们的目标并不是教条地模仿大自然，而是从大自然对机械问题的巧妙解决方案中汲取灵感。

软体机器人有什么用

下面我们简要介绍研究人员正在应用软体机器人来解决的当今人们所面临的一系列关键问题。我们将在第 1 章中以更多细节和案例来详述这些主题。

软体机器人技术有助于解决人机交互方面的挑战。人类都是柔性的。就真正工程意义上刚性的度量标准而言，人类的身体更像是一颗葡萄，而不是钢铁。人体弯曲和移动的方式很复杂，我们的关节不能像电机轴那样完美地转动。无论你是想要做出能与人在生产线上紧密配合的机器人，还是想要增强我们身体自身的能力，都需要设计出符合我们自身柔顺性的架构。

软体机器人非常适合用于看护病人。作为人机交互的一个重要部分，看护任务中同样也需要机器人的特性应满足人类的需求，同时还要求机器人承担额外的责任。从帮助多发性硬化症患者早起穿衣，

到帮助卧床不起的病人翻身以防止褥疮，每件事都需要细致的操作，而且需要特别注意机器人会不会帮倒忙伤害了病人。此外，孩子们的机器人同伴需要具备内在柔顺性，这样才能安全地教会孩子们学习系鞋带和辨认绿道上的石头。在机器人的设计中使用柔性的方案可能会更加安全，同时也能避免机器人完不成任务还伤害到用户。

软体机器人还非常适合用于对物体进行精巧操纵。人的手掌上有很多皮下脂肪，大象的鼻子上覆盖着柔软的皮肤，指甲可以弯曲，蜘蛛猴用来缠绕的尾巴上覆盖着隆起的皮肤。这些柔顺系统之所以存在，某种程度上是因为具有柔顺性的系统能够更加轻易地操纵各种物体。对于软体机器人来说，拥有一个能够适应各种输入的机械系统是最理想的情况。

软体机器人可以适应复杂的地形和多变的形状。无论是攀登火星陡峭的悬崖还是从藤上摘下水果，能够适应不规则形态是柔顺系统的一大亮点。美国宇航局（NASA）艾姆斯研究中心的研究人员目前正在探索如何设计能够承受高速撞击的探测器，以便将它们抛向遥远的小行星，因为那里没有可供软着陆的大气层。还有一些正在开发的火星探测器借鉴了飞虫足的结构，这种设计使探测器能爬上不规则的火山岩面，这些岩石表面在火山中占据很大一部分面积。此外，受章鱼触手启发制成的高度自适应的夹持器，目前已经在食品处理中投入应用，这种夹持器能将农产品包装成箱以运往世界各地，而免去了生产线上的人工操作。

软体机器人技术为低成本机器人技术带来了新的机遇。密封气囊、注塑橡胶和缝制布料都是制造机器人的廉价方法。与精密加工或金属锻造相比，它们便于复制和更新迭代。这便成为软体机器人技术的一个优势，因为这些材料既可以让试验新机器人的设计师使用，也能够在设计成熟时方便地扩展到大规模生产，而无须在机械改造上投入巨额资金。

软体机器人技术是设计超轻机器人的理想方式。充气机器人有一些独特的优势：强大的机械装置，重量几乎为零。如果你设计时所使用的材料可以根据气压的变化而改变形状，便能够制造出无须费力就可携带的复杂机器。因为空气基本上是无处不在的，其实也是没有重量的。软体机器人技术还能够通过单个组件的弯曲来执行复杂的功能，而如果不用柔性结构的话，这些功能通常需要多个部件来实现。减少机器人零件的数量也可以大大减轻机器人的整体重量。

如何使用本书

本书的目标是通过浅显易懂的讲述，让读者能够像搭建积木一样制作软体机器人。通过跟随本书学习，你将能够搭建自己的柔性机构，并评估它们潜在的实用价值。通过本书，你能够学会搭建拉线三脚架、真空动力夹持器，甚至能够制作一个可编程的软体机械夹爪。

本书中的一些章节描述了如何搭建装置（如真空室），这些装置将帮助你制作一些不寻常的机构。其他章节有一些简短的、小规模的实验，你可以在不到一个小时的时间里完成。最后，还有一些关于复杂机构的进阶章节，里面有很多装置需要几天时间才能完成。这些更复杂的教程包含"制造纲要"板块，为你提供了制作过程的高度概括，以及时间线和材料清单，保证你尽可能容易地完成和复制这些实验。

要使用好"制造纲要"板块，我们建议你首先阅读整个教程，然后在收集了材料并准备开始搭建项目时再返回这个板块。从这个板块中，你会得到项目执行的明确时间线，并在每一步完成后进行打钩确认。

本书中所有项目的文档都可以在GitHub 网站上一个叫作"MakeSoftRo-bots"的代码仓库中找到（网址为 https://github.com/Gianteye/MakeSoftRo-bots，也可以到华章官网下载）。

本书倾向于把气动作为动力来源，因为作者在这方面更有经验。然而，各章节中的项目也为你提供了其他各种动力机制的介绍，以确保你在探索自己的软体机器人创作时，可以选择不同的方向。

成为一个软体机器人专家

因为软体机器人技术是一个全新的领域，所以那些在车间或车库修修补补的人们反而有机会发明出全新的软体机器人，而传统机器人技术领域却非常复杂，进行尖端研究通常需要昂贵的实验室和高度专业化的设备。这本书尽其所能涵盖了软体机器人技术的重要方面，但这个领域是如此之大，并与如此多的其他学科相联系，没有一本书可以涵盖所有方面。

2013 年 Mirko Kovac 在 *Soft Robotics* 期刊上提到，跨学科的好奇心、对生物系统的回顾、转化的创造力，以及对非传统设计的开放性被认为是将生物灵感带入自己项目里的理想途径。在软体机器人领域，真正让我们感到兴奋的事情之一是，从事软体机器人研究，会更多地激发你的好奇心，让你进行更多探索和实验。当你愿意动手实践、善于提出质疑、乐于从探索自然中寻找答案时，你便能得到最有价值的收获。

如果我们所描述的一切都是正确的，你一定已经相信软体机器人和柔性机构是很酷的，并且值得研究。现在你可能会问自己："我怎么才能获得这些东西？"

通过本书，你会快速掌握制作第一个机器人所需的基本技能，然后我们将从制作一个软体机器人入手。我们将对软体机构进行研究，并动手完成软体机器人的小实验，使用标准的 Makerspace 工具构建定制的装备来制作复杂的机构，并最终构建出一个完整的数字驱动气动软体机器人的控制系统。

第 1 章

软体机器人
概述

无处不在的软体机器人

软体机器人是一个新兴的机器人研究领域。我们身边的很多朋友可能都没有听说过软体机器人，或者即便他们听说过软体机器人，也是从流行文化中了解到的。图 1-1 中展示了一个软体机器人概念外骨骼。世界上最著名的软体机器人是迪士尼 2014 年推出的电影《超能陆战队》中的经典角色大白。幸运的是，尽管大白这个角色是虚构的，但

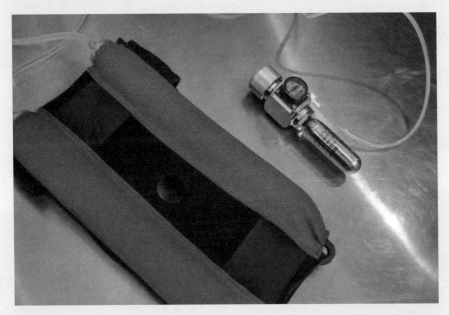

图 1-1　Matthew Borgatti 和 Kari Love 设计的概念型软体外骨骼机器人

它却是一个了解软体机器人领域的绝佳切入点，因为大白这个角色是真正直接受到软体机器人研究的启发而诞生的。虽然电影中的大白是一个混合型机器人（有一个可充气的外层覆盖在内部坚硬的机器架构上），但大白的原型——卡内基梅隆大学 Chris Atkeson 教授的实验室研究人员开发的医疗看护软体机器人是完全充气型的，目的是安全地与残疾人或老年人交互。软体机器人成为一个单独的新兴机器人领域的另一个重要标志是，2014 年专门聚焦这一领域的专业期刊 *Soft Robotics* 杂志诞生了。

下面列出了制造软体机器人时可以使用的部分材料：

- 纤维织物
- 硅胶或其他橡胶
- 软塑料
- 塑料薄膜
- 金属薄片
- 纸类
- 碳纤维
- 橡皮泥
- 变形合金
- 电活性聚合物
- 液态金属
- 明胶
- 细胞组织

由于软体机器人的技术比较新颖，目前许多几乎没有共同点的机器人项目都被纳入了软体机器人的范畴。软体机器人的

一个有趣的地方在于，除了物理柔软性以外，它还涵盖了很多其他方面很难被归类的东西。因此，在软体机器人领域，既包括能进入人体内部的微型机器人，也能找到可驾驶的巨型生物机器人；不仅有橡胶机器人和纸制机器人，还有可食用机器人和太空探索机器人。大型气动冲压成型机器人与由老鼠细胞和葡萄糖驱动的机器人都可以归类于软体机器人这一领域。现在，生物机器人经常被贴上软体机器人的标签！随着时间的推移，它们可能会被划分为多个分支学科，但就目前情况而言，软体机器人仍然是一个前景广阔的跨学科交叉领域。

由于软体机器人可以由很多种材料制成，因此它们的驱动方法也是多种多样的。同样，这些类别所涉及的范围既有深度也有广度，变形合金、电活性聚合物和压电材料也只是由直流电驱动的材料中的一小部分。

下面列出了一些驱动软体机器人运动的动力系统：

- 气动系统——使用空气和真空驱动
- 液压系统——使用液体驱动
- 电力系统——使用电流驱动
- 热力系统——使用温度驱动
- 磁力系统——使用电磁驱动
- 化学系统——使用化学反应驱动
- 生物系统——使用活细胞驱动
- 混合系统——同时使用多种动力源驱动

以上列表只考虑了驱动机器人运动的方法。完整的驱动系统还包括传感器、能量收集与存储部分。此外，材料科学方面的许多基础性工作都属于软体机器人技术的范畴。目前软体机器人技术的范围是十分广泛的，并且潜力非常巨大。

软体机器人有什么实用价值

为什么要把机器人做成软体的呢？虽然对我们工程师来说，"这么做很酷"这个理由就足够了，但让我们把软体机器人放在更大的背景下探讨。对于软体机器人这样的新兴领域，其研究的必要性通常是由实用功能所决定的。

软体机器人技术为我们提供了一个以全新方式思考问题的重要机会。我们可以设计出适合我们的、生产成本低且易于定制的机器，甚至可以根据任何人的需要进行调整，同时能保证使用安全。不仅如此，软体机器人还包括无须复杂编程就能抓取任何物体的机器人手爪，能行走于任何复杂地形的探测机器人，以及人造器官、大脑假体等。

与传统机器人相比，软体机器人的制造成本也很低。因此，可以利用软体机器人技术制造出非常复杂的实用机器，价格却能便宜到任何人都可以拥有。手机在21世纪头十年所经历的飞跃可能在短短几年内就会在机器人领域重现。

处理不规则或易碎的物品

假如你想把物品打包装箱，箱子里装的是大小、重量和易碎程度均不相同的物品。这个经典的软体机器人问题通常可以称为"蓝围裙"问题，这个名字来源于美国很火的上门送菜服务电商"蓝围裙"。送上门的包装食物一般软的、硬的、轻的、重的都有，还有易碎的食物。更复杂的是，即使你的目标是抓取一个西红柿，每个西红柿的大小和形状也不一定相同。在装箱时，物品掉落、损坏或被挤压的风险很高。损坏的物品会对整体的质量产生负面影响。用传统机器人调整商品的变化范围需要经过大量的感知和计算，才能正确处理各种各样的物品。

现在我们介绍软体机器人夹持器的概念。软体夹持器固有的柔软性为适应不同大小、形状和重量的物体提供了灵活性。使用软体夹持器也更不容易损坏被抓取的物品（见图1-2）。人们使用软体机器人进

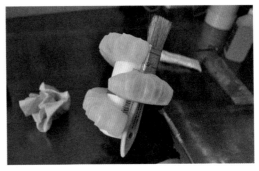

图1-2　红隼夹爪（本书后文将会提到）是一个简单的软体机器人执行器的例子，可以抓住各种各样的物品

行灵巧操作时有几种不同的模式。最常见的软体夹持器使用正气压弯管机或真空驱动式堵塞夹持器，但选择液压和线驱动控制系统也是可行的。无论采用何种驱动方式，共同的思路都是利用材料的柔顺性来解决问题。

看护与人机协作

如果你熟悉工业革命带来的成长阵痛，你就会知道，要让一台机器对周围的人来说是安全的，需要投入大量的工程设计和研发工作才可能实现。这就是为什么现代化的工厂看起来像机器人动物园，所有危险的机器人都被锁在笼子里，以防止它们伤害脆弱的人类。有时，制造工程师甚至会让机器人和人处于不同的建筑物里，以确保机器人能在不危及任何人的情况下高效工作。但实际情况可能并不是如此简单。

如今，工业机器人与人类隔绝，因为它们非常强壮，而且对人类身体的脆弱并不敏感：它们可能轻易地让人致死或致残。未来，我们希望机器人能更无缝地与人类交互。在很多机器人设计中采用的柔软性设计方案有助于人和机器人共享物理空间，并允许两者间安全地交互。就像《超能陆战队》中的看护机器人大白一样，软体机器人的存在极大地扩展了机器人完成看护任务的机会。软体机器人身体结构上使用的柔性材料既可以减轻其自重，又

可以降低其对人体的冲击力，从而使它们有可能被用于照顾孩子、老人以及为我们服务。软体机器人技术还为机器人使用人类工具在人类环境中工作提供了可能（见图 1-3）。

图 1-3　工厂中包装物品的机器人

图片来源："Automatic Packaging by Robots"，由 Wikimedia Commons 网站 Tecnowey 提供，在 CC BY-SA 3.0 授权许可协议下发布

此外，一旦软体机器人能和人类在同一个空间中共融相生，就创造了人机协作的机会。在人工智能软件游戏挑战赛中，AlphaGo 机器人能够击败围棋大师，但最终一个人工智能和人类合作的团队一定能击败任何单个人工智能对手或单个人类对手。这一法则也适用于我们与实体机器人的合作中。在人与机器人的交互任务中，这种合作产生的效能比任何一方单独完成任务的效能都更好。

目前，实体协作机器人已经在工厂里开始安全地配合人们工作了。2017 年协作机器人的销售额已经超过 1 亿美元，预计还将呈指数增长。大多数这样的协作机

器人都利用传感器和视觉技术的进步以及计算能力的发展来提高它们的处理能力。其中一些协作机器人，如Rethink Robotics公司的Baxter机器人，也通过柔性的机构设计来提高它的安全性。Baxter机器人的手臂利用一系列弹性部件，使用电机和减速器控制弹簧来驱动关节。这些弹簧可以让手臂在受到挤压或碰撞时安全地"伸缩"。此外，弹簧同时也可以扮演力觉传感器的角色。

可穿戴或者与人融为一体

软体机制解决了人体与物质世界交互的关键问题。有了软体机器人技术，你就能设计出易与人体集成的机械装置。

将机器人部件集成到人的身体上一直是科幻小说中的常见情景，特别是机器人型强化超级战士。在现实中，类似的军事投入包括美国国防部高级研究计划局（Defense Advanced Research Projects Agency，DARPA）在2001年推出的两个刚性外骨骼项目。2013年美国特种作战司令部（United States Special Operations Command，USSOC）发布的战术突击轻型作战服（Tactical Assault Light Operator Suit，TALOS）也一度引起了轰动。在战场上让士兵变得超级强壮，并能在负重的情况下行走数英里而不感到疲惫，这种愿望是完全合理的。同样，机器人如果能

够在工厂里搬运沉重的箱子，或者取代快递员以避免连续负重造成的身体伤害，那么将会对改善民用工作场所做出巨大的贡献。

由于各种因素的影响，软体机器人在对人类能力的增强方面比传统机器人更有价值。从重量、质量和强度的计算中可以知道，柔软性确实为人体与机器的集成带来了好处。想象一下，如果一套经典的硬盔甲可穿戴机器人绑在人的身上（一定非常沉！），移动机器人所消耗的能量将会非常巨大。你既要让机器设备可穿戴且不受束缚，又想让所有刚性部件的耗能尽量小，这种可能性是很低的。但如果你把一些部件改成柔性的材料，那么这些部件在变软的同时也会变得更轻。如果可穿戴的软体机器人的电机驱动能适配人类身体关节的活动范围，它就能对穿戴者进行助力配合，而不是将穿戴者和软体机器人简单地捆绑在一起。软体机器人也可瞬时变为一种理想的盔甲，当它探测到即将有物体坠落时，就会立刻变形成头盔保护人类。

从改善人体机能的另一个角度，可穿戴辅助机器人可以解决人类缺乏力量或灵活性的问题。对于暂时性伤残患者，它也可以帮助他们进行辅助物理治疗。一般情况下，暂时性伤残患者需要专业理疗师来指导康复治疗时要做哪些训练动作。对于这些需要长时间、多次重复的康复训练，利用可穿戴软体机器人设备进行自动化辅助康复训练能显著降低医疗成本并改善治疗效果。目前，一些传统的医用外骨骼机

器人和主动矫形器（背带）通常体积庞大且价格昂贵。其中部分原因是它们需要大量的部件与人体协同运动，因此需要进行大量的定制工作，才能使由刚性部件组成的设备适合人体的变化。最后，刚性机器人要精确地模仿出人类做日常动作所需的驱动力，这是非常复杂和困难的，比如，从椅子上站起来或者利用关节支点将球扔出。

软体机器人能够完美地适应各种形状和大小的人体形态。但是，将刚性机器人作为可穿戴设备直接穿戴到人体上会产生很多问题（擦伤、瘀伤、压伤），所以将不恰当的可穿戴设备（刚性机器人）穿在身上会增加使用者被伤害的风险。即使我们考虑把刚性机器人的初始状态与人体进行完美地配合，但人的身体会时刻发生变化，而刚性机器人可能还是无法适应这些变化。例如，所有使用外骨骼机器人的穿戴者的身体都会发生变化。士兵因为战场或训练情况变化而增加或减少肌肉重量；儿童患者的身体会因为生长发育而迅速变化；退行性疾病患者因病可能会出现肌肉萎缩，或出现脊椎中立位基准线退化的症状，从而改变身体形态。相比刚性机器人，软体机器人则可以解决上述问题，因为它不是简单地在部件上增加填充物去适应人体变化，而是它本身的材料就是软的，所以其适应性会比刚性机器人更强。

软体机器人工程原理也可以用于被动动态系统的设计。麻省理工学院媒体实验室（MIT Media Lab）的 Hugh Herr 教授正在研究假肢的分级结构。Herr 教授是假肢研究专家，同时他也是双腿截肢者。

假肢需要有坚硬的结构以提供支撑人体的力量，但是很难将它们直接连接到我们的骨骼上。坚硬而刚性的假肢一般通过缓冲部分与残肢的皮肤相互附着，其中最关键的是在不给残肢施加太大外力的情况下，将假肢安装到残肢上，并与残肢配合良好。使用刚性假肢除了会造成瘀伤等问题外，与残肢接触时还需要考虑的主要问题是，残肢上有多大面积的疤痕状皮肤组织会与假肢缓冲部分相接触，这些疤痕状皮肤组织比肌肉或正常皮肤更脆弱，依靠它来附着在假肢上直接承受身体的重量，可能会导致严重的问题。因此，Herr 教授试图通过在假肢上增加用柔顺性材料制作的缓冲部分的设计来改善残肢皮肤附着部分的受力分布。

Herr 教授实验室的研究人员使用超声波和 CT 设备扫描来确定残肢皮肤下的结构，然后利用这些结构信息，通过 3D 打印的方式做出一个柔软度不同的假肢底座，这个底座可以将主要受力分布从可能被假肢损伤的敏感部分转移到残肢上更强壮的部位，达到缓解压力和损伤的目的（见图 1-4）。

软体手术机器人更侧重机器人与人体配合的工作形态，并具有更小的尺寸以最大限度地降低手术对人体造成的损伤。利用它在人体内部进行手术也开创了微创手术的先河。传统的手术机器人受限于直线运动，但软体手术机器人的弯曲变形能力使其能够进入人体内部展开手术。在一项更加打破常规的研究中，研究人员开始探索通过吞服可食用软体机器人让它进入患者胃肠道进行手术的方式来治疗胃肠道疾病。

图 1-4　Hugh Herr 教授穿戴着自己设计的假腿进行演示

图片来源："Hugh Herr demonstrating new prosthetic legs at TED 2014"，由 Wikimedia Commons 网站 Steve Jurvetson 提供，在 CC BY-SA 2.0 授权许可协议下发布

如果我们进一步拓展软体机器人的应用技术领域，它们还可以包括将软体机器人永久植入人体方面的技术的研究。瑞士洛桑联邦理工学院（École Polytechnique Fédérale of Lausanne）从事瘫痪治疗

方法研究的研究人员就提出了一种修复脊髓神经损伤的创新方法。他们开发了一种柔软的、可伸缩的植入式软体机器人，它可以绕过脊髓神经的受损区域，通过电信号重新连接受损伤的神经。如果换用一个坚硬的刚性机器人植入身体，它可能只会工作很短的一段时间，而且当它碰撞到脊椎及其周围组织时，会磨损脊髓组织，这通常会引发炎症甚至造成人体对植入机器人的排斥。随着时间的推移，植入的机器人要么停止工作，要么对其他机体组织造成损害。

通过对小白鼠进行为期数周的体内柔性植入物（软体机器人）实验，研究人员发现柔性植入物不仅可以随着小白鼠身体一起伸展，而且它还能与小白鼠自身机体组织的柔韧变化相匹配。

当我们把两种材料的物体通过机械变形连接融合成一体时，将其中一种材料的关键特性与另一种材料的关键特性相匹配是至关重要的。你可以把它理解为电路中电子元器件之间的阻抗匹配。如果不匹配，则在后续过程中电路将会出现故障。

一种有潜力的植入技术的应用是将软体机器人植入我们的大脑，通过植入物来研究神经元群体中个体之间的相互作用，探索人类意识的机制。人类大脑的体积每天都在发生周期性变化。植入大脑中用于检测特定神经元活动的导线传感器，必须能很好地与周围组织一起运动，否则它就会偏离到大脑的其他部位。这就是要弄清楚一大群神经元在做什么是如此困难的原因之一。在植入时，必须将导线完美地连接到每个神经元上，并让它们与微观神经元一起运动，这样才能在不损伤它们的情况下了解神经网络的运作。在大脑中植入柔性电路是解决这个问题的一个可能的方法。

把复杂的问题变简单

软体机器人也可以让复杂的问题变得简单。你可以快速地构建柔性结构来执行复杂的任务，而不需要使用大量的刚性部件或者昂贵的工具。这意味着软体机器人是对另一种自然法则的完美呈现：用相同的机制来解决不同的问题。

受昆虫足上毛发的启发，Aaron Parness 研发了一种搭建小型、柔顺、有弹性的机械装置的过程，我们将在第 2 章中对此进行更详细的描述。除了在柔顺性上的独特优势外，柔性制造还提高了装置的可装配性，由大量相同部件构成的足装配结构，可以快速、简单地进行扩展。这种流水线式的加工是通过用数控机床在蜡块上铣削出一个凹槽，在凹槽里放一个钩子，然后用半刚性注塑塑料填充它来实现的。当塑料硬化后，将蜡块磨平，给每个嵌入的塑料部件再继续铣削出更多的凹槽。然后在凹槽里面填充一种软塑料，作为弹簧。在第二层塑料固化后，完成的挂钩机构从蜡中弹出，然后准备将整个蜡块磨平并再次使用。这种简单、高度自动化的工艺

过程使美国宇航局喷气推进实验室（Jet Propulsion Laboratory，JPL）的研究人员可以毫不费力地生产出数百种机械装置。

一种沉船打捞机器人解决了从荷兰伊塞尔河（Ijssel River）里打捞一艘 16 世纪的沉船的难题。由于在水下沉寂了很长时间，历史久远的沉船很容易在受力不均的情况下解体，所以用传统的刚性机械夹持器打捞历史沉船并不是一个很好的选择。在打捞泰坦尼克号的大部分残骸时，多次的失败尝试就凸显了这一困难：被打捞上来的部分往往在被提起的过程中断裂而无法恢复。因此，为了将这艘荷兰沉船完整地打捞起来用于考古研究，打捞人员使用了一种吊带装置，这种装置使用单独驱动的皮带，在整艘船上均匀施力。几十条皮带在船底缠绕，顺着船体的不规则形状，轻轻地将船提离水面。

持久性、稳定性和适应性

虽然人们普遍认为软体机器人不能像传统机器人那样被重复使用，但事实上，软体机器人在某些情况下比刚性机器人更加耐用。有时，软体机器人是否能持久地工作取决于它们所处的环境。对于某些软体机器人，你可以开着卡车从它们身上压过去，它们只会暂时被压缩，等卡车开过去以后就能恢复原状。对另一些软体机器人，你可以用火把它们点着一段时间，因

为这些机器人大部分都不是由敏感电子元件组成的，所以并不容易被烧坏。相比而言，一个刚性机器人在被一块大石头击中后就很难继续前进，因为大石头会让它破裂或者折断，使它无法正常工作。所以如果要把机器人送到有岩石坠落的地方开展工作，那么一个耐压的软体机器人可能才是最佳的选择。

大多数传统机器人的移动模式一般都只适用于在单一类型的地形中执行任务。对于仿人或仿生机器人来说，能够穿越不平整的地面和不可预测的环境是它们的理想特性。如果机器人的足底是平的和硬的，那么它就很难在不平坦或光滑的路面上行进。虽然可以通过附加传感器或行为预测的方式来克服这个困难，但使用柔性材料可以降低一些计算的复杂度，从而将困难从算法上转移到物理特性上并加以解决。一些混合式的柔性解决方案将机器人脚的一部分换成了可弯曲的碳纤维，以增加关节的灵活性，或者在脚的底部加入一些填充垫，从而防止机器人摔倒。

当遇到未知的地形时，机器人的自适应性则成了关键的特性。如果能预先掌握路径中的地面情况，使用履带结构是非常明智的选择。然而，当无法提前预知路况，直到最终发现需要穿越岩石、水面、冰面、泥土和沙地等各种地形时，履带结构也不是万能的了。此时，使用柔性结构的设计就可以提供更加灵活的解决方案。

在某些地方，刚性机器人很难表现得很好，比如在深海，那里压力太大，水的压力可能会导致传统机器人难以操作或完全失灵。如果你能潜入深海，看看周围的自然世界，你会发现深海的生物基本上都是软体生物。软体生命形式特别适合在这种环境下生存，因此，为满足这些条件而设计的软体机器人也能拥有类似的适应性。

软体机器人在哪儿

目前已经有几家公司正在研究软体机器人，这些公司希望在软体机器人革命到来时能成为首批涉足这一领域的公司。下面介绍一些有名的公司或者比较看好的公司。

Otherlab 团队

Otherlab 为一群研究新兴技术的研究人员提供了发挥创造力的平台。目前，Otherlab 团队已经设计出不同种类的软体机器人和柔性机械装置，Roam Robotics 公司的可穿戴式软体机器人矫形器和 Pneubotics 公司的充气机器人手臂都是该团队的作品。

Otherlab 团队开发的许多原型系统都采用了"气囊和约束"（bladder and restraint）机制，这种机制使用一种具有高拉伸强度的弹性织物作为机器人的皮肤，当内部气囊充气时，这种皮肤就会变硬。通过设计指令实现特定容积的充气和放气，就可以使软体机器人缩放自如，既轻便又不失强劲。

Festo 公司

Festo 是一家德国机器人公司，专门从事工业控制系统生产，比如汽车工厂内的自动焊接系统。Festo 公司有一个实验室，专门探索如何将他们自己开发的技术应用于新产品。他们通过 3D 打印的方式将软塑料变成想要的形状，从而制作出各式各样的软体机器人。迄今为止，他们已经直接打印出几十个灵巧的机器人，其中最大的是一个气动象鼻，由一个个类似椎骨的打印部件组成。它们依次连接在一起，就像手风琴上的挡板一样，在气压作用下收缩和增长。图 1-5 中还展示了 Festo 公司开发的生物启发式水母机器人。

图 1-5　操作人员在调试 Festo 公司开发的生物启发式水母机器人

图片来源："CIMG0325"，由 Flickr 网站 Erik Hansen 提供，在 CC BY 2.0 许可协议下发布

Soft Robotics 公司

Soft Robotics 是位于马萨诸塞州剑桥市的一家公司，该公司开发了一种软体夹持器，能够抓取和操作各种物体。他们所关注的问题是，在很多环境中，比如亚马逊的仓库里，同一个机器人需要能抓取和操作从 U 盘到保龄球在内的各种大小、形状的物品，机器人需要高效地把物品装箱并分拣。软体夹持器是解决这个问题的一个很好的方法，因为它们可以在不需要复杂编程的情况下适用于任意几何形状的物品。

Empire Robotics 公司

Empire Robotics 公司（现已倒闭）曾是一家位于波士顿的公司，该公司曾经做过一款软体钳子。他们的解决方案是使用"颗粒堵塞"（granular jamming）原理（我们将在后面的章节中讨论）。从本质上讲，他们是把一个装满咖啡渣的橡胶袋子装在机器人手臂的末端来捡东西。在生活中你可能会留意到，对于真空包装的大米或咖啡，当打破密封让空气进入的时候，像砖块一样的包装就变成了一个软软的袋子。如果你拿起同样的袋子，在袋子上装一个阀门，通过从阀门抽气就能重新在袋子中制造出真空的环境，你想什么时候释放就什么时候释放。这样你就能把它压在你想拿起的物体周围，通过把空气抽出来使它变硬，然后抓住那个物体。Empire Robotics 公司制作的这款软体夹持器采用的也是类似的原理，只不过比我们所描述的更加科学和专业。

迪士尼研究院

为了让用户获得更加身临其境的体验，迪士尼研究院（Disney Research）将资源投入与大学联合成立的专用实验室，并投资了一些面向娱乐应用产品的研究项目。尽管迪士尼研究院感兴趣的领域并不仅仅局限于软体机器人，但其中不少项目都使用了柔性设计。他们所追求的目标是让软体机器人将来能在公园里与游客互动，这就要求机器人的外形要有趣、安全、耐用，能与孩子们进行肢体上的交流。2018 年 4 月，迪士尼在其网站（www.disney research .com/publication/force_jacket/）上发表的一篇文章中称，充气式系统还能实现全感官的触觉感受，其"基于压力和振动的感觉效果，与击打、拥抱和蛇在身上移动的感觉一样"。

迪士尼研究院还开发出一些深受软体机器人专家欢迎的计算设计工具。其中一种设计工具能够将刚性机器人的关节和连杆替换为基于柔性材料的系统，另一种设计工具还能从 3D 模型中自动生成可充气的模型。

Super-Releaser 公司

Super-Releaser 是一家独立的软体机器人公司，这家公司的创始人 Matthew Borgatti 也是本书的作者之一。这家公司专注于解决软体机器人领域的难题。Super-Releaser 公司利用其在工业设计、快速成型、制造设计、模具制造、铸造和柔性产品方面的经验，将软体机器人应用于人机交互、触觉反馈、宇航服、无人机、医疗设备和材料处理等领域。Super-Releaser 还致力于尽可能多地开放其设计上的源代码，以帮助其他初学者建立相关的知识基础，从而能够通过设计实验让这些软体机器人解决他们想解决的问题（见图 1-6）。

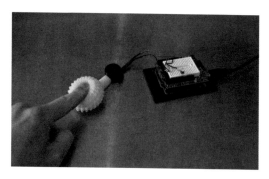

图 1-6 Super-Releaser 公司为本书开发的软体四照花传感器

"野生的"软体机器人

如果软体机器人是如此酷炫、高效、实用和必需，那么为什么它们还没有无处不在呢？答案首先是，它们其实已经无处不在了，但它们非常低调。有时我们把各种软体机器人统称为"其他柔性工程"。汽车使用的自动充气轮胎、动态铁磁流体驱动缓冲器、被精确设计的汽车安全气囊，都是柔性的机器人控制实例。柔性的结构被集成到成千上万的日常设备中，从通过透析机输送液体的蠕动泵，到使照相机镜头盖固定在镜头上的弯曲夹子。前面提到的沉船打捞设备也没有被归入"软体机器人"的名下。你还能想到之前被忽视的"野生"软体机器人系统吗？

软体机器人的概念还存在于一些几乎完全由柔性材料制成的复杂设备中。例如，可通过调整高度来控制自身形状的平流层气球已经部署在世界各地，它们作为X实验室（以前称为 Google X）Loon 项目的一部分，为全球提供无线网络服务。

事实上，在足够大的范围内，每一种材料都是柔性的。住在摩天大楼顶层的居民常常会因为大楼在大风中摇摆而感到惴惴不安。现代的塔楼都设计了减缓这种晃动的机制（甚至对像地震引起的更为灾难性的震动也有所考虑），比如使用调谐质量阻尼器（tuned mass damper）。这些阻尼器都非常重，它们在建筑物内部摆动，以抵消最初导致建筑物晃动的力。尽管塔楼是由玻璃、钢铁和混凝土这些人们通常认为不具有柔顺性的材料建成的，但在足够长的距离内，所有东西都会变得具有柔性。

挑战

循环性和持久性

在传统的机器人技术中，机器人的持久性通常是由机器人所使用的材料本身的硬度或刚度决定的，并且是完全可预测的。但到目前为止，软体机器人在循环性方面通常不像刚性机器人表现得那样好。目前的软体机器人往往对摩擦和磨损很敏感。例如，经受相同的材料疲劳，橡胶机器人比刚性机器人所需要的循环要少很多，而充气机器人有被扎破的危险。尽管软体机器人的独特能力或者其能够降低制造复杂度的成本优势决定了相关项目的合理性，但几乎不可避免且更频繁地更换部件可能也会吓跑潜在客户。由于循环性和持久性完全取决于个性化的设计，而不是广泛共享的参数，因此证明其可靠性一直是一个难题。

软体仿真、预测设计和控制

传统机械工程很擅长计算刚性部件之间的相互作用和精密连杆机构的运动。然而，一旦开始引入柔性部件，事情就变得难以计算了。任何一个做过计算机仿真的人都会告诉你，建模一堆刚性碰撞立方体之间的相互作用是相当容易的。但是如果给每个立方体增加一点柔韧性，渲染一个场景所花费的时间就会大大增加。幸运的是，我们现在正处于计算技术、3D打印和材料科学都保持最佳发展状态的时期，这些先进的技术让我们能够快速地开发可重复的过程，设计和打印出复杂的软体机构用于测试。同时，我们也可以及时地将从这些机构中得到的信息反馈给能够仿真它们的系统。可以说，我们正处在软体机器人技术飞跃式发展的前沿。

目前，最普遍的软体机器人的设计流程与刚性机器人有很大区别。在传统的机器人技术中，主要的设计周期是仿真、仿真、再仿真，直到你拥有了想要构建和测试的对象。而大多数软体机器人的设计周期是搭建、测试、搭建、测试，然后实现一个工作原型机，补充需要的特征，然后进行控制和仿真。采用这种设计周期是因为制作软体机器人需要建立物理模型，并对软体机器人的行为进行分类。这一设计准则是科学测量与实验的结合。成熟的领域通常有大量的仿真和控制方法。如果回顾一下，比如微芯片技术，从一开始，它们都是经过反复试错才开发出来的。同时，在试错中也记录下结果，这样我们才能建立知识库用于后续设计。我们现在对软体机器人系统的设计也同样处在一个试错的阶段，但是就复杂度而言，软体系统的设计甚至比更成熟的刚性部件的设计有更多未知的变数。

软体机器人是使用多维度的形式创造的，但这些形式还没有被很好地特征化。许多柔性材料具有非线性行为，这些行为会随着时间的推移而改变。想象一下橡皮筋会随着时间的推移而磨损。当外力和周围环境的变化也是高度可变的影响因素时，如何在预测模型中精确地描述材料的衰减率？

最能被预测的仿真和控制模型是针对具有柔韧性但无弹性的软体机器人的。通过将柔软度限制在一个变量很少的范围内，机器人的仿真和控制就会更加易于管理。有时你也可以看到弹性机器人的仿真和控制模型，但其中大多数都是基于现有的物理原型开发的。

另一种软体仿真是完全抽象的。例如，软体体素（soft voxel）是能够仿真柔性材料的小块。不同的颜色代表材料的不同属性（如不同程度的柔软度、它们是否抖动或者振动等）。从本质上来说，这些软体体素都是可互换材料的计算机像素，可以用来设计纯数字式的软体机器人。哥伦比亚大学的研究人员 Jonathan Hiller 和 Hod Lipson 开发了一个操作软体体素的开源平台 VoxCAD。一个更大的团队将他们的研究扩展到由这些小块构建的进化生成设计中。通过给定启动参数，数字软体机器人就会在指令下移动到屏幕的另一边。该程序能自动生成许多不同的设计并能快速对它们进行测试。性能最佳的设计将成为新的启动参数。然而，这些实验的一个局限是，它们产生的完全是理论对象，并且它们在物理上并不是可构建的设计。尽管如此，这样的材料在未来很可能被实现，而有趣的人工智能和新的形态也可能在短期内出现。有兴趣的读者可以下载 VoxCAD 软件设计自己的纯数字式软体机器人。

尽管"软体机器人技术"的"机器人技术"部分意味着这一领域在某种程度上不可避免地涵盖自动化和计算机控制，但开发高效的软体机器人很大程度上依赖于正确的机械原理。除非有更强大的工具来设计和仿真软体机制，否则物理原型仍将是观察软体机器人行为的最佳方式。

相对年轻的领域

自 20 世纪 60 年代以来，传统的刚性机器人已经成为商业上成熟可行的产品。这些机器人已逐渐成为主流，工业机器人、医疗机器人、军用机器人和娱乐机器人引领着今天的发展方向，扫地机器人已经进入千家万户，成为一种潮流。相比之下，在 21 世纪，软体机器人领域仍然很容易被归入其他领域，并一同被冠以"新兴领域"的统称。许多可能的柔性工程方法依然完全没有被深入探索，同时，已经被探索出的柔性机构也存在着没有实际用途的问题。

由于知识库相对较新，将柔性机构应用于工程问题常常需要从头开始设计解决方案。有关软体力学与制造的技术细节在文献中很少见，而且范围很窄。软体机器人的研究缺乏一个健全的柔性机构库。应用于软体机器人的行为很少与该材料的原始用例规格说明相同。因此，进行柔性机构的设计，往往需要很强的设计直觉和对材料的深刻理解。由于这一话题的新颖性，很少有足够的规则来判断在对现存材料形态给定输入力的作用下，机械动作将以什么样的顺序发生。

目前的软体机器人研究所涉及的方法，需要依赖大量的手工劳动来制造柔性设备。在这些情况下要想保持设备的可重复性是非常困难的。这也意味着，无论实际应用情况如何，所有设备最终都需要经过大量的生产线改造，才能适应大规模的生产。

这些困难阻碍了软体机器人技术的发展，也阻碍了其他领域的研究人员将软体机器人潜在的创新成果应用到他们所面临的具体问题上。

幸运的是，相对年轻的软体机器人技术提供的机会和挑战一样多。通过专注于软体机器人这样一个新兴领域，创客们可以发现令人兴奋的问题，并产生伟大的成果。年轻的领域可以让早期涉足这一领域的研究者创造出巨大的贡献，而我们邀请你和我们一道，探索奇妙的机器人未来世界。

第 2 章

太空探索中的软体机器人

新兴的软体机器人技术为环境苛刻的太空探索提供了新的解决方案，
这也是软体机器人领域最令人振奋的事情之一。在这一章中，我
们将带你领略太空软体机器人系统在远离地球表面的太空环境下将会面
临的特殊困难，并介绍几种基于软体机器人系统解决这些问题的方法。
其中，我们将重点关注几种由美国宇航局资助的软体机器人研究，这些
机器人大多都是由柔性材料制成的，例如图 2-1 所示。

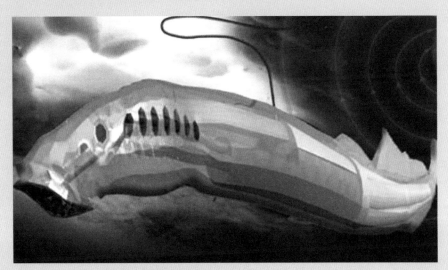

图 2-1　用于探索木卫二[⊖]和土卫二[⊜]的软体机器人探测车

图片来源：美国宇航局、美国国家科学基金会

⊖　木卫二，木星的第六颗已知卫星，木星的第四大卫星，在伽利略发现的卫星中
　　离木星第二近。——译者注

⊜　土卫二，土星的第六大卫星。——译者注

软体机器人技术在太空探索方面的优势

在太空探索技术的发展中，最重要的一个问题是用于太空探测的硬件设备能否满足探测任务的需要。将软体机器人技术应用于太空探索领域具有划时代的意义，下面我们将对这些优势进行详细的介绍。

进行一次太空发射是非常昂贵的。根据公布的数据估计，将任何一种太空探测设备发送到近地轨道（LEO）的费用为每磅⊖1000美元到10 000美元。而将火箭有效载荷发送到火星的成本在每磅14 000美元以上。要达到相同的强度，许多柔性材料比刚性材料重量更轻，这种重量上的明显优势能够极大地降低探测设备的发射成本。

除了重量限制，火箭的有效载荷对体积也有限制。基于柔性材料制成的软体机器人具有更加紧凑的轮廓外形，在升空后才会自动扩展开来，这就极大地节省了火箭载荷在发射时所占用的空间。

运载火箭发射升空后，除非是在近地轨道，否则任何零件故障都是难以修复的。一般来说，构成系统的零件越少越好，因为零件越少，就意味着零件损坏的概率越小，磨损的零件越少，需要进行严格验证和确认的部分也就越少。集成化的软体机器人系统使用的零件更少，但能够实现的功能却更加复杂。

在失重／超重的状态，或者振动的情

⊖ 1磅 ≈ 0.45千克。——编辑注

况下，探测设备中的某些刚性部件会被严重破坏。但用柔性部件替代刚性部件后，所设计出的机器人系统便能充分利用这些柔性材料对重力和振动所固有的耐受性，从而降低系统自身损坏的可能。

生物启发式漫游者探测器机器人

近些年来，美国宇航局资助研发的软体机器人和柔性系统开始逐渐走入人们的视野。人们常常调侃地称这些漫游者探测器为"动物乐园"，因为研究人员在开发这些探测器时，从动物身上获得了许多灵感。这些受到生物启发而制成的探索机器人都包含柔性元素。

乌贼推进器

康奈尔大学的 Mason Peck 和 Robert Shepherd 教授开发了一种电动式软体机器人回收探测器。这一设计完美地将生物力学应用到了空间探索领域，一经发布，就以其乌贼状的外形吸引了公众的关注（见图2-2）。这种漫游者探测器能够在轮式车辆无法适应的地形上自由行进，也能够在无法依靠太阳能和核能提供动力的地方工作。木卫二和土卫二是这种乌贼探测器的两个目标工作场景。在这两颗卫星上，厚厚的冰层之下覆盖着漫无边际的海洋。这种乌贼探测器使用了一种超低功耗系统，系统所消耗的能量全部被用于探测器的推进，因而能够保证探测器在流动介质中实现高效的运动。这与刚性机械系统有着很大的不同。在传统的机械系统中，每一个运动部件在参与能量传递时都会发生能量的损耗。

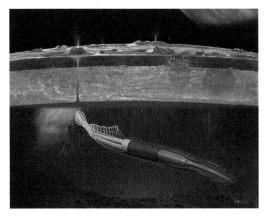

图 2-2　具有电动回收功能的乌贼形软体
机器人探测器
图片来源：美国宇航局、康奈尔大学

这种低功耗的柔性系统使乌贼探测器能够从局部变化的磁场中回收能量，并将能量直接用于水的电解，产生氢气和氧气的混合物。通过燃烧气体，系统内部的密闭腔发生膨胀，产生喷水式的推进力，为机器人的前进提供动力。这样，探测器就不再依赖于寿命有限的电池。尽管这一概念仍然处于早期的研究阶段，但不难想象，机器乌贼在陌生的海洋里喷水前进的场景会产生多么大的轰动和吸引力。

昆虫足

你见过在墙上爬着的甲虫或者在天花板上停留的苍蝇吗？如果你见过，那么你就已经看到了一个复杂的柔性机构在工作。许多昆虫的脚上都有一些细小的钩状毛，这就是刚毛（setae），如图 2-3 所示。当苍蝇的脚掠过某个表面时，刚毛就会弯曲并钩入表面上任何微小的缝隙。单靠一根刚毛是无法承受苍蝇的重量的，但只需要一小部分刚毛就能让苍蝇牢牢地抓紧表面。这些毛发偏向于一个特定的方向，所以苍蝇只需要向后蹬腿就可以轻松地飞走。这一排有弹性的刚毛能让一只虫子轻易地完成非常复杂的活动。

脚底部的褐色细毛就是刚毛，它们　　公共领域许可图片，由 Todd Olson
帮助象鼻虫附着在表面上　　　　　制作，作为德克萨斯大学奥斯汀分
　　　　　　　　　　　　　　　　校 Insects Unlocked 项目的一部分

图 2-3　一只象鼻虫脚上的刚毛，帮助它
附着在表面
图片来源："Weevil Foot"，由 Flickr 网站 Insects Unlocked
提供，在公共领域授权许可协议下发布

在柔性工程领域，刚毛的概念被延伸为铰链装置。这种装置因结合了柔性材料而变得容易弯曲，装置末端还加装了金属钩以便于附着地面。在美国宇航局喷气推进实验室，机器人专家 Aaron Parness 一直在试验这种机械装置的大规模生产，在第 1 章中我们已经对这种装置的制造过程进行

了简要的介绍。

这些钩状的"刚毛"被捆绑在一起，便构成了探测器的一条腿，很多条这样的腿构成的探测器便可以上下左右地爬行。这种锚脚机构已经被安装在 LEMUR IIb 机器人系统上（见图 2-4），并与搭载的岩石取心钻机一同进行了地表勘探的实地测试。这样一来，到其他行星和卫星进行探索时，就可以轻松地完成具有很高科研价值的岩石研究。通过研究地球上的岩石，我们能够读懂地质的历史，而在另一个星球上采用类似的方法进行勘探，可以收集到非常多的有价值的数据。此外，这种系统在小行星捕捉和地表钻探方面也具有广阔的应用前景。

图 2-4　LEMUR IIb 机器人使用生物启发的夹爪悬挂在火星岩石模型上

图片来源：美国宇航局 / 加州理工学院喷气推进实验室（JPL-Caltech）

⊖　1 英里 ≈ 1.6 千米。——编辑注

能反弹、滚动或附着地表的漫游者探测器

将漫游者探测器送上行星表面是一个不小的挑战。探测器的着陆通常在高速和高温下进行，而成功着陆则极大地依赖探测器的硬件和精准地掌握时间。本节中介绍的设计通过柔性材料固有的柔软性吸收探测器着陆时的巨大冲击力，从而巧妙地避免了对探测器的破坏。在理想情况下，探测器可以从近地轨道被发射，当它们接触到行星表面时就会发生反弹和滚动。在没有外部支撑的情况下，探测器撞击地面的速度预计可以达到每秒 15 英里⊖，而着陆后探测器还需要继续保持完好。这种从高处坠落而不被损坏的能力也让漫游者探测器适用于研究价值极高的岩石探索，就像之前提到的飞虫足攀爬机器人一样。有了这种能力，漫游者探测器就可以在一个无法使用降落伞系统的天体（比如没有大气层的天体）上执行任务。此外，正如前文所述，软体机器人探测器的重要优势是它们的扁平化包装，能够最大限度地利用空间，同时它们的重量相对较轻，从而降低了发射成本。

Super Ball Bot 机器人漫游车利用张拉整体结构（tensegrity）的灵活性来实现在复杂地形中穿行。张拉整体结构是一种由多个（彼此互不接触的）刚性部件通过柔性部件的连续张力连接在一起而组成的结构（见图2-5）。这种结构是由艺术家Kenneth Duane Snelson构想出来的，最初他把这种结构命名为"浮动压缩"（floating compression），后来他的老师、美国著名建筑师Buckminster Fuller根据"张拉"（tensional）和"整体"（integrity）两个词将它重新命名为一个合成词。在Super Ball Bot机器人和其他随后涌现的张拉整体机器人项目中，刚性部件会根据行动需要变短或变长。系统重心的改变将导致机器人不断翻倒，这种重复的倾倒就会产生一个颠簸的滚动运动，从而让机器人移动到目标位置。

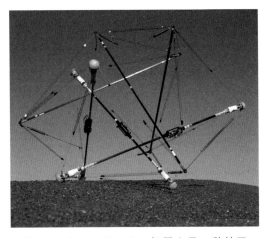

图 2-5　Super Ball Bot 机器人是一种基于张拉整体结构的一体化着陆和移动平台，它可以执行更低成本和更可靠的行星任务

图片来源：美国宇航局

　　尽管所有太空探测硬件几乎都是冗余系统，但这些张拉整体式探测器却与众不同。通过改变自身的运动模式来补偿刚性或柔性部件的单线故障，张拉整体探测器能够在部分零部件出现故障的情况下继续保持正常工作，这种灵活性使张拉整体探测器的各层次部件能够互不干涉地各司其职。目前的测试表明，张拉整体探测器可以在同时存在多个单点故障的情况下保持正常工作，直到故障使探测器完全无法有效运动。

　　可是，这种"刚柔并济"的悬架结构为何是从生物中得到启发的呢？答案也许不像其他软体机器人的例子那么显而易见，但人体的骨骼系统却恰如其分地展示了张拉整体结构的工作原理。回想一下，我们的骨骼系统并不仅仅是由骨头直接相连而成的，而是由骨头和牵拉住骨头的韧带共同组成的。而韧带也不是骨骼系统中唯一起作用的软体组织，骨骼之间的软骨也起着保护作用，肌腱也是连接肌肉与骨骼的软体组织。

　　另一种张拉整体式行星探测器是由加州理工学院设计的Moballs。Moballs是一些由柔性材料制成的弹球。在发射时，它们被扁平化地包装以节约空间，在展开时才会变大、变硬。在行星表面，Moballs通过半被动的方式驱动，通过收集风能或下坡时产生的重力势能并转为磁力发电，来实现制动和定向驱动。Moballs的形态设计是从被动的生物系统（如风滚草）中获得的灵感。

　　这两种滚动型的漫游车都利用了小型化、分布式技术的网络优势，与CubeSat微型卫星所采用的技术类似，只是我们将这种技术从空中推广到了地表。通过把漫游者探测器做得更加小型和低成本，我们就能向太空发送更多的机器人、覆盖更广阔的地表、探索更多的区域、收集更多的数据，这也就意味着能够获得更多科学研究机会。

科罗拉多大学博尔德分校的助理教授 Jay McMahon 设计的影响区域软体机器人（Area-of-Effect Soft-Bots，AoES）采用了一种完全不同的方式实现自身运动，这种机器人是专为在充满碎石堆的小行星及周围的环境中工作而设计的。在这种小行星广阔而柔软的地表上，AoES 机器人能够基于良好的附着力而停稳，并通过爬行的方式移动以保证自身不脱离小行星的表面。同时，AoES 机器人利用太阳辐射压（SRP）实现无燃料的绕轨运动及跳跃控制。由于这些软体机器人具有很强的附着地面、跳跃或绕轨运行的能力，所以它们能够在低重力的小行星上执行任务。这些小行星通常由于密度较低而不稳定。

和宇航员一起工作

太空探索不仅仅是把机器人投放到其他星球上，更需要让它们在其他星球上工作。即便当我们制定载人飞行任务的计划时，我们也希望能将宇航员执行的一些重复性任务交由机器人来完成。为此，研究人员正在尝试开发一种能与宇航员一同工作的人形机器人。

传统的机器人常常功率过大，当它们与人类近距离工作时，会给人类带来潜在的危险。这就是为什么在工厂里，机械臂总是在人类无法靠近的隔离区域内工作。在太空环境中，工作空间往往是密闭的，在这种空间里机器人不可能被完全封闭起来。而且太空舱或飞船内的工作环境也是很脆弱的，任何导致飞船船体破裂的可能因素都会造成灾难性的后果。

目前用来处理这种安全问题的方法主要有两种。一种方法是依靠主动柔顺性，在这种情况下，机器人的感知系统必须非常敏锐，使机器人能够精确地调整它在完成任务时所施加的力。另一种方法是将部分刚性部件替换为更类似于生物组织的柔性部件。使用一个柔性部件能确保机器人无法施展太大的力。当柔性部件遇到阻力时就会发生反弹，而不会对人造成伤害。

Robonaut 是美国宇航局与通用汽车（GM）公司合作开发的人形机器人。该机器人正在国际空间站（ISS）进行测试，而 Robonaut 机器人已开发到第三代产品，名为 Valkyrie。Robonaut 1 代机器人没有使用任何柔性材料，但在 Robonaut 2 代机器人中，一个关键的改进是使用了弹性连接技术。虽然总的来说，Robonaut 机器人的总体形式是刚性的，但其中的柔性元素使它能够安全地与人类一起工作（见图 2-6）。最终，Robonaut 将能够操作人类的工具，施展与人类接近的力，并与人类在一起工作。

为太空探索开发人形机器人的另一个原因是，人类需要在太空中完成的许多任务都是非常危险的，而开发人形机器人则有望替代人类完成这些任务。Robonaut 机器人的开发人员希望它有朝一日能够执行太空行走任务。比如在火星探索的任务中，美国宇航局计划让 Robonaut 机器人在人类宇航员降落之前到达火星表面，并用预先抛下的物资在火星表面建立人类栖息地，为人类的降落做好准备。

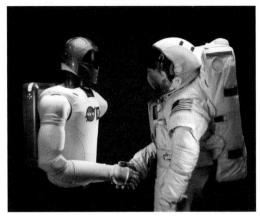

图 2-6　Robonaut 2 代机器人与人类握手

图片来源："JSC2010-E-089924 (01 June 2010)—R2 shaking hands with it's [sic] future roommate"，由 Flickr 网站 Robert Markowitz 和 Bill Stafford 提供，在 CC BY 2.0 授权许可协议下发布

位于加州旧金山的机器人公司 Pneubotics 一直在开发用于远程物料搬运的膜基机器人。这些机器人将压缩空气或液体作为结构的一部分，甚至用于系统的驱动。通过这样巧妙的设计让机器人对自身的刚度、施加的力和自身形状的改变进行分层级的控制。这种机器人也能够与宇航员紧密地合作，而且由于它们是可充气的，因此也具有重量轻和体积小的优点。除了单独运行之外，充气式机器人也可以在传统的行星漫游车上作为末端执行器完成任务，根据任务的需要操纵沉重或易碎的样本。

这两种协作型的太空机器人都是政府部门与私有公司合作开发的，这是太空探索领域更大的战略投入和成果。通过推动这些协作机器人的研发，人们希望这些研究成果不仅能够用于太空探索，更能在诸如制造业和医疗辅助等领域落地应用。

宇航服

虽然现有的宇航服大多采用柔性结构的设计，同时搭载了各种传感器网络与自动化系统，因而很容易被认为是软体机器人系统。然而，下一代的宇航服可能更容易被认为是机器人系统。对于宇航服的下一次飞跃，大家猜测最有可能取得突破的是一种称为"机械反压力"（Mechanical Counter-Pressure，MCP）的概念。

在地球上，我们身处在大约 15 psi[注] 的恒定气压下。我们没有感受到这种压力，是因为我们已经完全适应了这种环境。真空环境与我们人体所适应的自然压力环境相差太远，不受保护的人体会受到致命的伤害。传统的宇航服解决这一问题

────────────
⊖　psi 为压力单位，1bar ≈ 14.5psi。——译者注

的方法与地球上的大气类似：利用空气的压力来保护我们的身体，不过所施加的压力要小一些，在 3.5 ～ 5.5 psi 之间。传统宇航服本质上就是一种高度工程化的气球或者"可携带的大气层"，时刻保护着穿戴者的身体。

20 世纪 60 年代，Paul Webb 发明了一种能保护宇航员在真空中免受伤害的新方法。Webb 认为，在真空环境下，我们的身体周围其实并不需要空气，只有头部周围需要空气，以帮助我们保持顺畅的呼吸，而身体的其他部位可以依靠物理压力而不是空气压力来保护我们免受伤害。基于这样的想法，Webb 设计了一个被动系统，它采用多层氨纶作为材料，类似于医用压缩衣，穿在身上直接对皮肤施加压力（见图 2-7）。

图 2-7　早期的 MCP 防护服，如 Webb 穿的太空活动服，依靠弹性纤维织物的被动压缩提供对人体的保护

图片来源：美国宇航局

虽然最初的 MCP 防护服就是一个被动系统，但目前这一领域的研究主要还是采用主动系统。因此，这类采用主动系统的 MCP 宇航服很容易被纳入软体机器人的范畴。前美国宇航局副局长、MIT 的 Dava Newman 教授开发了引人注目的 MCP 研究型宇航服。这种被称为 BioSuit 的装备（见图 2-8），依靠能够改变形状的金属丝来对人体施加压力。

图 2-8　BioSuit 宇航服和它的开发者、前美国宇航局副局长 Dava Newman

图片来源："PopTech 2011"，由 Flickr 网站 Erik（HASH）Hersman 提供，图片经裁剪，在 CC BY 2.0 授权许可协议下发布

由于被动 MCP 系统结构简单，因此在很长一段时间里都保持着吸引力。尽管如此，主动 MCP 系统仍然在其他几个领域的推动下逐渐走向成熟。例如，主动机器人系统使防护服的穿脱（donning 和 doffing，用于穿戴和脱下的专业名词）更加方便。一套非常紧身的被动系统防护服很难穿脱自如。Webb 的太空活动服系统由七层不同的紧身服组成，即便它在地球表面也已经非常难以穿脱了。想象一下，在失重的微重力环境中穿脱这种宇

航服会有多么困难！

　　更重要的是，为了充分发挥对人体的保护作用，MCP 防护服需要时刻对人体施加均匀的压力。人类身体的外形尺寸会随着运动而改变，并且人的身体表面有一些凹陷的复杂部位（比如腋窝和膝盖后面的腘窝）。因此，开发一种具有形变能力并能随时响应身体形状变化的机器人系统是非常必要的。

　　我们将软体机器人 MCP 宇航服与传统的压力式宇航服进行比较，你就能理解 MCP 宇航服为什么如此具有革命性的潜力了。

　　我们可以把传统的宇航服想象成一个高度工程化的气球。最致命的风险是，只要宇航服上被戳破一个很小的洞，就很可能导致宇航员瞬间死亡。MCP 系统则避免了这一问题。如果在 MCP 宇航服系统中出现一个破洞，那么裸露在外面的面积大约为 1 平方毫米的皮肤不会受到任何损伤。如果出现更大面积的暴露，比如一个手套大小的区域，那么宇航员 20 分钟才会晕厥，甚至存活更长时间。从时间上说，这无疑降低了宇航服破裂导致的危险，让宇航员不会瞬间死亡。

　　人们常忽略的一点是，充气式宇航服可能不太容易依附于穿着者的身体，导致体感较差。想象一下，当你弯曲一只充气乳胶手套的空手指时，它便会立刻反弹回来。加压宇航服的四肢也是如此，它们总

倾向于回到"中立位置"，于是宇航员要完成任何工作都需要付出更多的努力。传统宇航服中的空气压力也会使服装远离穿着者的身体，导致人体的触感下降，特别是手部。与传统宇航服相比，MCP 宇航服的机动性和穿着体感更强，从而可以让人类更自如地在太空中完成任务。图 2-9 展示了 NASA 研制的手套。

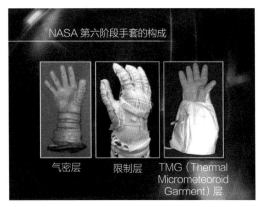

图 2-9　美国宇航局第六阶段手套

图片来源：美国宇航局

　　MCP 宇航服也能减少使用的冷却设备的数量。相比而言，传统的宇航服通常需要一个复杂的降温装置：传统的宇航服基本上是用一件长款的内衣包裹着冷却液管，以降低密闭服内滞留的热量。2014 年，宇航员 Luca Parmitano 的冷却服发生了一次故障，非常危险，导致他差点因为冷却液管中液体的泄漏而溺亡[⊖]。在柔软的 MCP 机器人宇航服中，宇航员理论

　　⊖　2013 年，意大利宇航员 Luca Parmitano 在进行一次常规太空行走时，头盔突然出现充水状况。当时，Parmitano 的五官开始慢慢地充水，视线被模糊，呼吸能力被抑制。好在他在溺水时保持镇定，通过触摸和训练记忆，顺着安全绳回到了舱口。同伴对他的宇航服重新增压，才使他幸免于难。——译者注

上可以通过织物把汗液排入太空。此外，冷却系统也让传统宇航服无可避免地变得非常笨重。这意味着除了机动性差、体感不够灵敏的缺点外，传统宇航服还存在发射成本昂贵的问题。

主动式机器人宇航服还可以消除传统宇航服对预呼吸（prebreathing）[⊝]的依赖。目前，美国宇航员在减压环境中通过呼吸纯氧来降低患减压病的风险，这便称为预呼吸，但这一过程却是非常耗时的。就像戴水肺的潜水员从深水游到水面时，血液中的氮会被释放出来，在血液中形成危险的气泡一样，当宇航员在吸入混合气体并离开一个完全加压的密封舱时，也会产生同样的效果。无须预呼吸的宇航服一直是宇航服发展的长期目标。事实证明，要在加压的宇航服中以不牺牲机动性为前提来实现这一目标，是非常困难的，因为这需要更高的宇航服内气压（8+ psi）。MCP 宇航服可以根据需要通过施加更大的直接压力来对人体进行调节，从而解决预呼吸的问题。

虽然将 MCP 宇航服完全应用于真实的太空探索任务可能还为时过早，但将宇航服的一个单独部分改为 MCP 系统却实际得多，也能更加有效地降低太空探索的风险。这其中最有可能模块化升级的部件就是 MCP 手套，因此研究人员在 MCP 手套的研发方面投入了大量的资金。从投资和安全的角度来看，模块化升级的确能降低失败的

风险。21 世纪初，美国宇航局投资霍尼韦尔公司进行了被动 MCP 系统手套和手臂的研究。最近，Final Frontier Design 公司与 Super-Releaser 公司合作，联合研发基于气动主动系统的 MCP 手套系统（见图 2-10）。模块化升级的另一个有意思的结果是推动了混合系统的普及和应用，这也是软体机器人领域的一个永恒的主题。一种可行的混合系统的例子是一个被动的内层系统（比如一个喷射部件）和一个主动的机器人外层系统，以及必要的加压区域共同构成整体的混合系统。

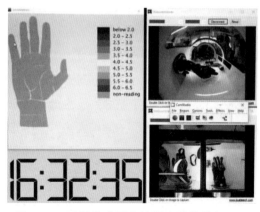

图 2-10　近期集成到宇航服中的软体机器人部件，例如 Final Frontier Design 公司正在测试的这种 MCP 手套

图片来源："Closeup screenshot of FFD's pressure visu-alization and video documentation setup"，由 Final Frontier Design 提供并授权使用

虽然 MCP 的研究是面向太空探索环境的专用软体机器人技术，但是宇航服也很可能采用其他软体机器人系统。你所见到的地

⊝　环境压力的迅速变化容易导致人体内器官发生机械损伤。外部压力降低容易引起减压病。预呼吸过程是让宇航服内的压力达到与飞船中的压力相同的过程。——译者注

面上每一个可穿戴的概念设计，比如超级战士的外骨骼或增强型的柔性传感器，都有可能被应用到宇航服上。通用汽车公司与美国宇航局合作开发的机器人手套 Robo-Glove 可以为手部增加 5 ～ 10 磅的抓取力，无论在太空中还是在工厂里都非常实用（见图 2-11）。

图 2-11　这张与 Robonaut 一起拍摄的照片中，通用汽车与美国宇航局共同研制的机器人手套 Robo-Glove 利用传感器、执行器和肌腱来增强拉伸力和握力，这些传感器、执行器和肌腱可以与人类手的神经、肌肉和肌腱相媲美

图片来源：美国宇航局

无论是这个领域所涉及问题的复杂性，还是人类与物体相互集成的内在需求，都预示着能应用于宇航服的软体机器人研究将势不可挡地出现在人们眼前。MCP 技术所呈现的令人兴奋的潜力将吸引人们对现有理论和研究进展保持持续的关注。

可扩展栖息地

可扩展栖息地是软体机器人技术在空间探索中的另一个有前景的应用方向。可扩展栖息地的概念最初来源于美国宇航局在 20 世纪 60 年代提出的构想，主要面向轨道、月球，甚至火星载人航天任务的应用。可扩展栖息地的一个主要优点是让宇航员最终生活和工作空间的大小不必受火箭有效载荷的大小所限。与金属或刚性复合材料组装成的栖息地相比，可扩展的特性还减少了栖息地的搭建时间：一般来说，组装国际空间站（International Space Station）需要进行超过 40 次的组装飞行，这个数字对于目标位置的距离更遥远的任务来说是难以接受的。

20 世纪 90 年代，美国宇航局提出了一种名为 TransHab 的充气舱概念。2000 年该项目终止时，Bigelow 公司获得了 TransHab 的专利权。2006 年和 2007 年，Bigelow 公司向近地轨道先后发射了 Genesis I 和 Genesis II 探测器。尽管在太阳风暴期间，Genesis I 任务险遭失败，但它们的表现都超过了最初的任务设计。该探测器系统目前已经发展为 Bigelow 可扩展活动模块（Bigelow Expandable

Activity Module，BEAM）。2016 年 5 月，BEAM 开始在国际空间站进行为期两年的验证和测试，以验证其整体性能和能力（见图 2-12）。在此期间，宇航员定期进入舱内取样、安装监测设备，并评估模块的设计性能。最初的计划是，在完成预定任务目标后，BEAM 将与国际空间站分离，并在重返大气层时燃烧殆尽。然而 2017 年的评估显示，BEAM 的表现远超预期，任务合同很可能会延长至 2020 年年底，甚至可能进一步延长计划。

虽然在月球或另一个星球上使用可扩展栖息地供人类居住只是一个长远的可达目标，但可扩展模块也可能在补给任务中发挥关键作用。在任何宇航员到达火星之前，或是进行更长时间的月球探险之前，人类宇航员所需的补给都需要提前送达。使用体积和质量更小的软体机器人系统往往是高效的，因为软体机器人系统能以更少的运输量运送更多的货物。此外，使用软体机器人也会减少发射次数，这也体现出软体机器人在时间和成本上的优势。

图 2-12　2016 年被安装于国际空间站的 BEAM（Bigelow 可扩展活动模块）

图片来源：美国宇航局

挑战和挫折

尽管软体机器人技术继续成为太空探索战略重要组成部分的可能性很大，该领域也有望持续产出更加重要的成果，但值得我们思考的是，为什么在很多研究课题中，软体机器人的潜力可能要到很久以后才能充分发挥出来。

这其中的原因之一是，许多软体、柔性材料的行为是非线性的，尚未得到很好的量化，尤其对于控制系统而言。为了克服软体机器人仿真的困难，人们付出了相当大的努力，但航空航天本身固有的高风险性，意味着我们需要依靠仿真来确保实验成功。许多控制系统仿真的改进是通过收集真实环境中现有的性能数据来实现的。但逼真的太空环境有时是不可能在地球上重现的，因为与外太空相同的温度、大气和重力条件很难在实验室里复制。

尽管柔性材料具有耐振性，但要试图通过准确设置电流参数来让探测设备在振荡激烈的发射条件下完好无损也是很困难的。目前的技术要求将探测设备封装在一个刚性容器中以防止振荡。研究软体机器人如何应对低频振动和高重力加速度环境，并为这种环境下的软体机器人制定新的标准，还需要投入大量的资金，而这些投资仍然需要适当的项目来证明研究的合理性。

虽然柔性材料在太空探索的某些领域已经得以应用，如宇航服、太空级硅胶和绗缝防热罩等，但要将这些材料应用于其他更常见的机器人场景还有待进一步评估。很有可能需要开发出全新的材料，才能将软体机器人技术应用到更加极端的太空环境中。

验证（validation）和确认（verification）这两个过程是非常重要的。然而，对于航空航天技术来说，验证和确认的标准会显得比其他领域更加严格。目前还没有明确的途径或标准能够对高度集成化的软体机器人系统进行验证和确认。在传统的机器人结构中，你可以把每个模块分解成一长串的零件，这样就可以通过测试每个单独部件的性能，来掌握整个系统的工作状况。软体机器人部件的整体设计和集成功能意味着你需要一个更复杂的映射过程来重新定义测试的需求、方式和内容。

太空探索的任务设计需要以整体和稳健的方式进行，以尽量减少损失或降低失败的风险。实现一个成功的探索任务的许多策略都来自"传统"（Legacy）系统或带有"经过飞行检验"（Flight Heritage）的元素，这种务实的方法可能会限制开发和推动创新。但软体机器人技术仍被认为是一个新兴领域，相比于其他传统机器人技术，软体机器人的有效性在地球上还没有得到相对充分的证明。

尽管目前存在种种挑战，但我们相信，研究软体机器人技术还将继续在太空探索中发挥重要作用。随着软体机器人逐渐发展成为一种更加成熟的技术，对这门新兴学科的研究总体来讲还是利大于弊的。

第 3 章

让水蛇玩具像变形虫一样移动

广受欢迎的水蛇玩具（也称为"小水蛇""水蛇宝宝""水蛇摆摆"）是一种既简单又便宜的橡胶玩具，每年有数百万以上的产量。它由弹性的塑料薄膜制成类似长条状甜甜圈的外形，里面填充液体，有的还带有彩珠或者亮片来增加它的视觉吸引力。

本章将要介绍的水蛇项目，其乐趣在于探索水蛇玩具如何运动。水蛇玩具以难以预测、活灵活现的怪异方式运动。它们会沿着一个倾斜的表面爬行，在被挤压时逃出你的手心，以及在狭窄的空间里蠕动。水蛇玩具之所以能够这样运动，是因为它的环形形状和弹性塑料表皮，将挤压水蛇玩具身体的压力转化成环形身体向前延伸的动力。如果水蛇玩具向前延伸，将身体的一部分移动到未被挤压的区域，则其未被挤压的自由端会随着内部液体的流入而弹起。

这个过程非常类似于自然界中一些有趣的结构：变形虫（见图 3-1）、树根，甚至变色龙的舌头。变形虫将它们的部分外质伸出，形成一个称为伪足（pseudopod）的小突起来移动和捕食猎物。变形虫另一侧的外质收缩，就像水蛇玩具中的液体一样。树根也以类似的方式长入土壤，从根部尖端的中心向外生长来清除树根路径上的泥污。变色龙的舌头也以这种方式捕获猎物，即使昆虫的撞击阻止了舌头中心部位的运动，舌头尖端仍会将这个不幸的昆虫卷起来。最后一个例子为机器人公司 Festo 带来了灵感，他们受此启发开发出一个名为 FlexShapeGripper 的机器人夹持器。

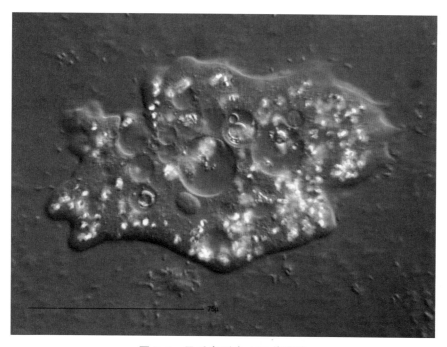

图 3-1 马氏变形虫 400 倍图像

本章中实验的灵感来自 Ella Dagan 的工作（经允许）。Ella 在纽约大学交互通信项目（ITP）的 Kari Love 教授的软体机器人课程中进行了这些水蛇实验。其他机器人的例子也使用了类似的原理，包括由加州大学洛杉矶分校（UCLA）的机器人和力学实验室开发的 Whole Skin Locomotion 机器人，以及斯坦福大学研究人员开发的 Vinebot。更多相关信息，请参阅 Mark Edward Ingram 在弗吉尼亚理工大学发表的论文"Whole Skin Locomotion Inspired by Amoeboid Motility Mechanisms: Mechanics of the Concentric Solid Tube Model"，文章对这一主题进行了全面而详尽的概述（https://vtechworks.lib.vt.edu/handle/10919/35100?show=full）。

项目 1：
喷射彩珠

本项目将从水蛇玩具中喷射出彩珠，如图 3-2 所示。

图 3-2　从水蛇玩具中喷射出彩珠

操作说明

1. 收集所需的材料（见图 3-3）。

2. 将彩珠从水蛇玩具的一端挤入（见图 3-4）。

图 3-3　收集材料

图 3-4　将彩珠挤入水蛇玩具的一端

⊖　1 英尺 = 30.48 厘米。——编辑注

要做到这一点，需要用手指将彩珠向下推入水蛇体内，然后捏住彩珠，这样它就跑不出来了（见图3-5）。

图 3-5　在水蛇玩具内部安装彩珠

在制作水蛇玩具的过程中，需要通过加热来将它密封成环形的橡胶管，因此在玩具纵向存在一条像"皮带"一样的带状区域，该区域比其他部分要硬。这个带状区域的功能是让水蛇玩具保持在某些位置，当带状区域被拉伸或挤压时，使水蛇玩具能反弹回这些位置。在装入彩珠时要考虑到水蛇玩具可能会自发地向内翻转，并根据皮带的位置将它们喷射到任意地方。我们发现，通过把水蛇卷起来玩儿，你就能

很好地感觉到，当所有的彩珠都装好后，它应该在哪里结束，这让你可以从那个位置开始逆向地来完成制作。

> **注意** 尽管变形虫（或水蛇玩具）包裹一个物体并让其在内部移动的过程类似于蛇或其他大型动物的吞咽行为，但这些过程彼此有区别。食道或肠道等器官的运动称为蠕动，这是一种包围着食道或肠道的肌肉环的协同收缩，这种收缩会在被移动物体的后面推动着物体移动。它的工作原理和你挤压一个冰冻汽水的包装把冰冻的部分从包装里拿出来是一样的。

继续把彩珠按大约一英寸的间隔推进水蛇玩具中。这样我们可以把五颗彩珠保持一致地塞进水蛇体内（见图3-6）。

图 3-6　塞满彩珠的水蛇玩具

3. 接下来，拿起 1 英尺 × 1 英尺的木板
并将其放置在水蛇玩具上（见图 3-7）。

图 3-7　将木板放在水蛇上

4. 在水蛇玩具上向下按压木板，当水蛇玩
具迅速翻转过来时，就可以看到它发射
出彩珠（见图 3-8）。你可以通过在按压
水蛇时倾斜木板来控制水蛇玩具的移动
方式，反过来，你也可以控制彩珠的发
射方向。水蛇玩具应该会迅速将自己从
内向外翻转过来（此过程也称为外翻）。

图 3-8　从水蛇玩具中喷射出彩珠

科学小围栏：自然界中的外翻现象

在自然界中，外翻过程被看作躲避捕食者、诱捕猎物、消化食物和繁殖的一种行为。

蛞蝓和蜗牛

蛞蝓和蜗牛是雌雄同体的生物，也就是说它们同时拥有雄性和雌性的交配器官。这意味着它们可以相互交换遗传物质来产生后代。蛞蝓或蜗牛通过液压驱动的方式，将交配器官从头部的侧面向外翻出，并进入它的交配对象来完成这一动作（见图 3-9）。与此同时，交配对象的器官落在同一个地方。交配器官上的一个带刺的尖端称为"吉卜赛飞镖"（gypsobelum）或"爱之飞镖"，将以额外的爆发力射入交配对象的身体。

图 3-9　蜗牛交配器官外翻

图片来源："110917"，由 Flickr 网站 Tamaki Sono 提供，在 CC BY 2.0 许可协议下发布

蛤蜊

许多蛤类生物钻入水底的沙子或淤泥中，以躲避天敌。为了呼吸和过滤水藻食物，它们将一根称为虹吸管的管道向上延伸穿过泥浆。这种伸缩运动就是由外翻实现的（见图 3-10）。

图 3-10　蛤蜊虹吸管外翻

图片来源："Selbst Fotografiert"，由 Wikime-dia Commons 网站 Stefan Didam 提供，在 CC BY-SA 3.0 许可协议下发布

海星

海星将胃外翻到猎物上方，将食物部分消化后再吸入体内（见图 3-11）。

海参

海参在受到威胁时，会将消化系统从肛门中外翻出来，迷惑和缠住潜在的捕食者，从而得以逃脱（见图 3-12）。

图 3-11　海星外翻

水母

　　带刺的水母使用一种酷炫的方式，将大量充满毒液的微型注射器注射到捕食者和猎物体内。它们有一种特殊的刺细胞（Cnidocyte），这些刺细胞是受压的小血管，里面有毒液、像针筒一样的骨刺，以及细小的盘绕的细丝，将骨刺附着在细胞的内壁上。当细胞受到干扰时，内壁会外翻，将骨刺发射到碰到它的任何物体上。此外，附着在脊椎上的细丝将细胞系在带刺的表面，确保其他细胞有机会发射并将其固定在水母上（见图 3-13）。

图 3-12　海参消化系统外翻

图 3-13　水母身体下方有带刺的细胞覆盖的触须

项目 2：
翻滚机构

操作说明

材料

木板，尺寸大约为
1 英尺 × 1 英尺

水蛇玩具

少数彩珠

大约 2 英尺长的
绳子或线

剪刀

1. 收集所需的材料（见图 3-14）。

图 3-14　收集好所有材料

2. 用绳子将彩珠串起来，大约每两英寸绑一个彩珠（见
图 3-15 和图 3-16）。

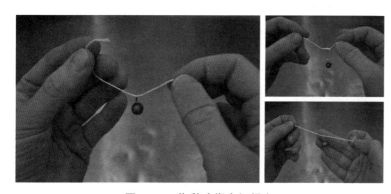

图 3-15　将彩珠绑在细绳上

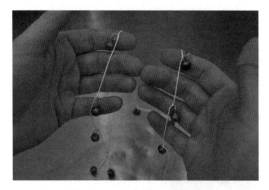

图 3-16　串上彩珠的细绳

3. 与项目 1 中一样，将一串彩珠挤入水蛇玩具中（见图 3-17）。

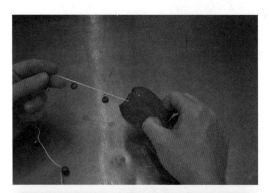

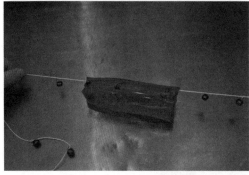

图 3-17　把绳子挤入水蛇玩具内并穿过水蛇

4. 抓住桌子和木板之间的水蛇玩具，把木板放在水蛇玩具上，保持绳子相对于水蛇玩具大致居中，水蛇玩具相对于木板大致居中（见图 3-18）。

图 3-18　水蛇玩具夹在桌子和木板之间

5. 来回拉动穿过水蛇玩具的绳子，观察它类似齿轮齿条系统一样的动作（见图 3-19）。

图 3-19　拉动绳子来移动水蛇玩具

科学小围栏：齿轮齿条传动

这种水蛇传动最酷的一点是它和齿轮齿条传动系统的绝妙关系（见图3-20）。当一组正齿轮在齿条顶部滚动时，移动齿条 1d（其中 d 表示距离）可使得齿轮沿相同方向移动 d/2。水蛇齿轮传动系统的工作原理也是一样的——移动绳子 1d 将使水蛇朝同一方向移动 d/2。

这一概念已经应用于一些实验车辆中，包括一种名为 Shikar 的全地形坦克原型（Valeriy Shikhirin 在他的网站 www.elastoneering.com 上对其进行了描述）。这种坦克使用巨大的水蛇传动系统代替传统的履带，并使用滚轮推动水蛇以不断外翻的方式实现向前移动。

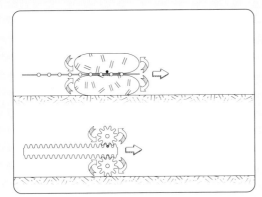 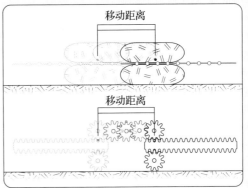

图 3-20　水蛇传动与齿轮齿条传动的比较

第 4 章

拉线机构——成熟而有潜力的绳索机构

拉线机构是一种由柔性但非弹性的绳索构成的装置，它通过拉伸绳索将力传递给其他机构。在某些情况下，拉线机构中的绳索周围会加装一个套筒来对绳索进行保护和引导（例如自行车的刹车线）。而在另一些情况下，拉线机构的绳索则是没有束缚地自由工作（例如一战中的飞机所采用的拉线结构）。这些形式的拉线机构都可以用弹簧来支撑，以便绳索在被拉伸后能重新返回某个预定的位置。这些绳索也可能成对地出现，例如一端的绳索向一个方向施加拉力，另一端的绳索向反方向施力。图 4-1 展示了用拉线机构控制三脚架的示意图。

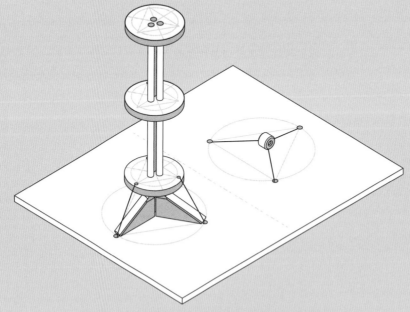

图 4-1　完成的拉线机构控制三脚架示意图

自行车刹车器（见图 4-2）和变速器、SFX 公司的运动特效仿真[⊖]、手术机器人，甚至你家后院的大门，拉线机构在你身边无处不在。因为这种机构结实耐用、结构简单且功能强大，所以应用得非常普遍。使用拉线机构能很好地将电机的旋转转换为力量很大的牵拉运动。

此外，你的身体其实也是由几十个拉线机构驱动的。虽然完成运动的是你的肌肉，但它们产生的力却是通过拉伸肌肉的肌腱传递的。想想你的股四头肌拉动膝盖上的肌腱来让你的腿伸展自如，再想想你的前臂肌肉拉伸长长的肌腱直达手指来驱动你手部的抓握动作，这些都足以证明拉线机构在你身体上无处不在。

在软体机器人工具箱中，拉线机构是非常实用的装置，因为即使在被弯曲或弯成环的情况下，绳索也能传递力。在运动特效仿真的世界里，蛇和其他动物的尾巴通常是由几组安装在柔性套管里的绳索驱动的。如果你需要用一个小电机驱动一个大的重物，可以考虑的机械设计是在一个有弹性的杆柄末端驱动那个重物，或者把绳索弯成看起来自然的曲线形来驱动重物。

图 4-2　由拉线机构驱动的自行车鼓刹

图片来源："Band brake for rear wheel of a bicycle"，由 Flickr 网站 Imoni 提供，在 CC BY-SA 3.0 授权许可协议下发布

⊖　SFX 公司是一家专业级的电影特效公司，所开发的运动特效仿真技术（Animatronics）用电线、机械或伺服系统在真实或幻想的动物、人或物体上模拟自然运动。感兴趣的读者可点击该公司的网站获取更多信息（http://sfxstudio.com/animatronic-gallery）。——译者注

项目 1:
单指结构

材料

尺寸大约为 4 英寸
×2 英寸的纸板

大约 12 英寸长的
细线

2 颗珠子

热熔胶

吸管

工具

美工刀

热熔胶枪

0.187 5 英寸钻头

电钻

操作说明

1. 收集所需的材料（见图 4-3）。

图 4-3 摆放好所有工具和材料

2. 用美工刀切下一块大约 4 英寸 ×2 英寸大小的纸板，不必太精确（见图 4-4）。

图 4-4 切纸板的时候手指离刀片远一点，避免受伤

3. 在纸板的一端钻一个孔（见图4-5），也可以在你想要的地方用剪刀剪出一个孔来。像我们这里展示的那样使用电钻打孔不仅方便，而且干净。

现在可以准备吸管了。

4. 如果你的吸管有一端是弯曲的，把弯曲的那一端从褶皱开始的地方切掉（见图4-6）。

5. 为了在吸管中制造关节，需要切出两个菱形的口子，均匀地分布在吸管的长度方向上。

a) 将美工刀的刀尖插入吸管的中心，保持美工刀的角度与吸管的长度方向成45度角；

b) 从切第一刀的位置开始用刀尖切第二刀（见图4-7）。

切出这种菱形口子的目的是在吸管上形成两个薄弱的区域，当线施加拉力时，吸管就会向切口的方向弯曲。此外，菱形切口使线能穿过吸管上切出的肘关节。当关节保持弯折状态时就能产生这一机构最大的弯曲量，使线的拉力更强。

图4-5　在纸板上钻孔

图4-6　修剪吸管

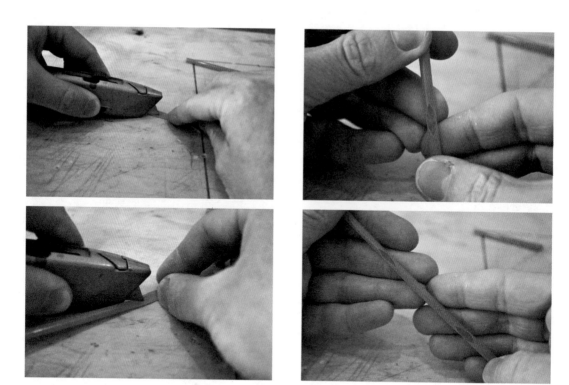

图 4-7　在吸管上切出菱形的口子

6. 将吸管压入纸板上的孔中。确保切口是向外的，背向纸板（见图 4-8）。

7. 当吸管处于你所期望的位置时，用胶把它固定住。

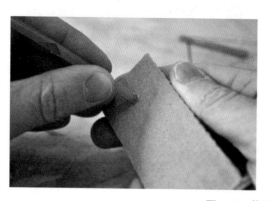

图 4-8　将吸管压入孔里

要做到这一点，需要在吸管与纸板接触的地方打上热熔胶。当热熔胶还没凉的时候，把吸管上下移动一下，让胶水流到孔里，加强黏合。一定要确保菱形的切口朝外（见图4-9）。

图 4-9　用胶固定吸管

8. 在一根12英寸长细线的一端系上一个珠子。随便打一个结固定住就可以（见图4-10）。

图 4-10　打一个方结把珠子固定在线的一端

9. 把线的另一端穿过吸管（见图4-11）。

图 4-11　把细线穿过吸管的另一端

10. 在线的另一端系上另一个珠子（见图4-12）。

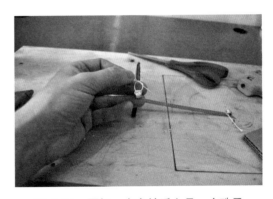

图 4-12　再打一个方结系上另一个珠子

11. 通过拉动挂在纸板条下面的珠子来弯曲你的线驱动器，这根吸管会像手指一样弯曲起来（见图4-13）。

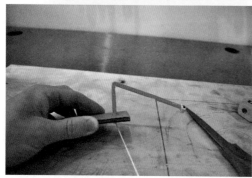 

图 4-13　通过拉动细线来弯曲吸管

　　这个项目告诉你很多关于材料和机构方面的知识。现在试着在吸管的其他面以不同的间隔切出菱形口。这样得到的执行器会根据你的改动而呈现不同的行为。

项目 2：
三脚架执行器

操作说明

1. 收集所需的材料（见图 4-14）。

图 4-14　摆放好所有材料

2. 将两页剪纸模板打印下来（见图 4-15）。

图 4-15　打印下来的剪纸模板和纸板

材料

4 根可弯曲的吸管

纸板（其中一个的尺寸至少为 8.5 英寸 ×11 英寸，另一个为 5 英寸 ×5 英寸）

细线

热熔胶

2 颗珠子

胶棒

打印纸

剪纸模板的 PDF 文档

工具

热熔胶枪

美工刀

打印机

电钻

0.187 5 英寸钻头

0.125 英寸钻头

中心冲头、圆珠笔或筷子

3. 用固体胶棒把有两个三角形的那一页剪纸粘在至少 8.5 英寸 × 11 英寸的那块硬纸板上。如果你希望最后的作品美观一点，最好把硬纸板的侧面修剪一下，保持和剪纸对齐（见图 4-16）。

4. 把印有圆盘和三角形的部分剪下来，用胶棒粘在那块小的纸板上（见图 4-17）。

图 4-16　粘贴和修剪纸板

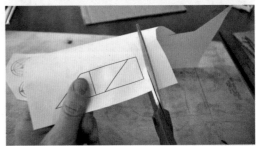

图 4-17　把圆盘和三角形的纸片粘在硬纸板上

5. 比照打印下来的剪纸模板把吸管切出六小段（见图4-18）。

6. 从纸板上切下三个三角形的纸板块（其实更像是梯形，如图4-19所示）。

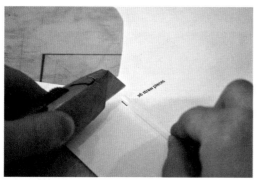

图4-18　用剪纸模板把吸管切出六小段

小贴士 使用美工刀时要小心——不要让你的手指接触刀片，切的时候尽量离自己远一些（永远不要朝着自己），以防刀片滑落划伤自己。

图4-19　比照剪纸模板从纸板上切下三个"三角形"

7. 从纸板上把圆形的部分切下来（见图4-20）。

8. 用0.187 5英寸的钻头钻所有硬纸板块的中心孔，用0.125英寸的钻头钻硬纸板块上标记的外孔（见图4-21）。

图4-20　比照剪纸模板切下圆形纸板块

图4-21　钻圆形纸板块上的孔

9. 现在用0.1875英寸的钻头在大的那张纸板上标有"X"的点位上钻孔（见图4-22）。

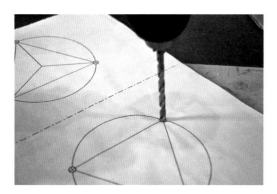

图4-22　在每个三角形的顶点上钻三个孔

> **注意** 这些吸管段引导细线穿过纸板，减少机构中的摩擦，防止细线在纸板上磨损。

> **小贴士** 当热熔胶还热着的时候，用比较尖一点的工具（比如圆珠笔或者筷子）将吸管段穿进孔里。有时，纸板上的绒毛会让吸管很难在不弯曲边缘的情况下插进孔里。如果纸板上的孔看起来很毛糙，先用工具把它们清理干净，清除掉散落的绒毛或碎屑。

10. 用切下来的吸管段加固纸板上的孔。要做到这一步，把切下来的吸管段穿过大纸板上的孔并用热熔胶固定（见图4-23）。

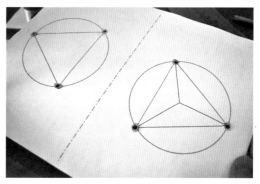

图4-23　用热熔胶固定吸管段和纸板孔

11. 用热熔胶将三角形纸板块固定到大纸板上有标记线的位置（见图4-24）。

12. 在三角形纸板块互相接触的地方涂上一层热熔胶来加固连接处（见图4-25）。

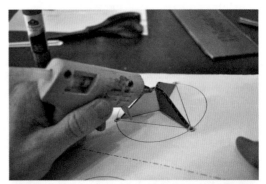

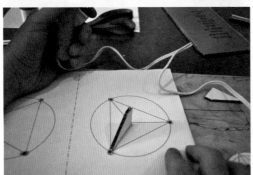

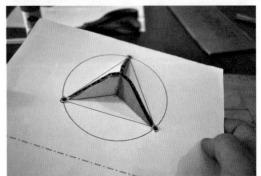

图 4-25　用热熔胶加固三角形纸板块

图 4-24　粘上三角形纸板块

13. 把吸管可伸缩部分拉伸到最长（见图 4-26）。

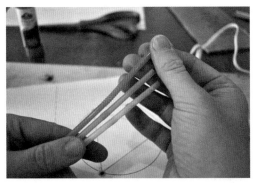

图 4-26　把吸管拉伸开

14. 将吸管离可弯曲部分最远的那一端穿过已打有 0.187 5 英寸和 0.125 英寸的孔的圆盘纸板，这样就连接上了第一个圆盘（见图 4-27）。

图 4-27　将吸管插入第一个圆盘

15. 用热熔胶把圆盘固定在吸管可弯曲部分的上面（见图 4-28）。

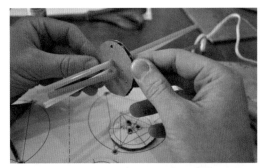

图 4-28　将吸管和圆盘用热熔胶粘牢

16. 把另外两个圆盘也推到吸管上，然后把它们用热熔胶和吸管粘在一起。所有的圆盘应该间隔均匀，最后一个圆盘应该非常靠近吸管的末端（见图 4-29）。

图 4-29　粘上第二个圆盘

17. 试着将组装好的吸管装置安装到硬纸板的三角形上（见图4-30）。

图4-30　测试吸管装置保证一切就绪

18. 一旦吸管处于纸板上三角形的正确位置，就用热熔胶把它们逐个固定到位。固定一个后停一分钟，等热熔胶冷却后，再固定下一条腿，确保你之前粘的关节不会在你固定下一条腿的时候断开（见图4-31）。

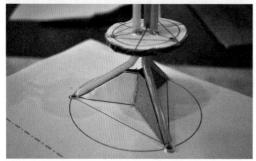

图4-31　将吸管装置用热熔胶粘贴到硬纸板上

19. 剪三根细线，每根大约14英寸长（见图4-32）。

图4-32　剪出三根细线

20. 将每根线的一端系在穿过吸管的最低的那个圆盘的一个孔上，然后用热熔胶粘好（见图4-33）。

图4-33　将细线固定在吸管装置底部的圆盘上

21. 将每根线穿过大硬纸板上离它最近的孔（见图 4-34）。

图 4-34　将线穿过纸板

22. 把每根线穿过另一面对应的孔，再把它们拉紧。完成后，检查一下三根线是否互相平行，拿起松弛的三根线，吸管装置应是垂直向上的（见图 4-35）。

图 4-35　将线从硬纸板下穿过

23. 把线剪齐，留出 4 英寸左右来固定珠子（见图 4-36）。

图 4-36　修剪细线

24. 要将珠子连接到线上，需要将线穿过珠子并拉紧，一直将珠子拉到靠近纸板（见图 4-37）。

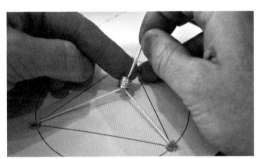

图 4-37　连接珠子

25. 在珠子周围用线系一个圈，用胶固定（见图 4-38 ）。

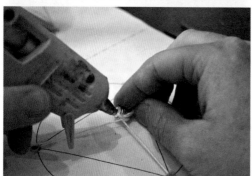

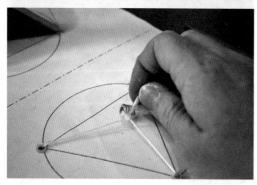

图 4-38　用胶固定珠子

26. 在线圈的地方和珠子的孔里点上胶，把线粘在固定的位置（见图 4-39 ）。

图 4-39　用胶固定珠子周围的线

27. 剪掉多余的线，然后就大功告成了（见图 4-40 ）。

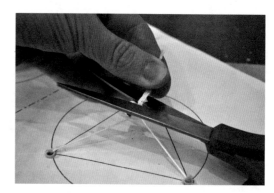

图 4-40　剪掉多余的线

现在，当你用线拉动纸板上的三角形连接的三颗珠子时，吸管装置就会来回运动（见图 4-41 ）。最终完成的拉线机构如图 4-42 所示。

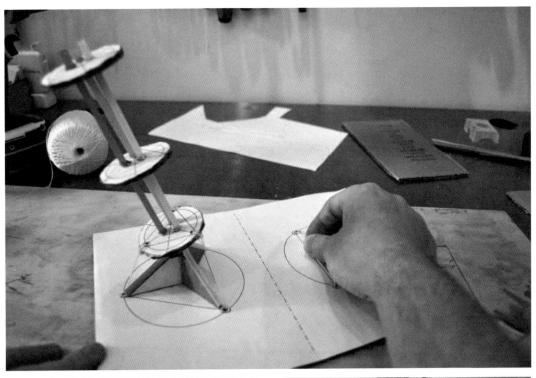

图 4-41　操纵这个拉线机构

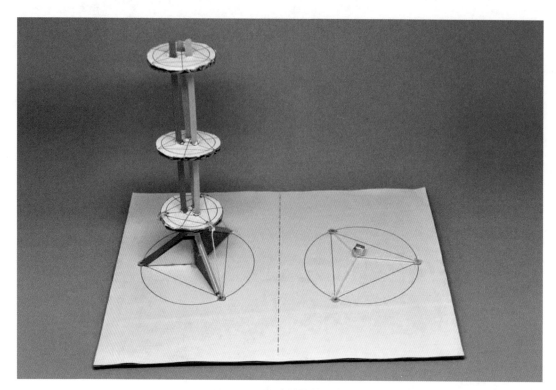

图 4-42　完成的拉线机构

第 5 章

强健且灵活的 McKibben 肌肉

McKibben 肌肉是一种有意思的气动执行器，出现于 20 世纪 50 年代。McKibben 肌肉的主要构成部分是包裹在结实的纤维编织网中的一个密封的气囊。当气囊膨胀时，肌肉直径就会增大。由于纤维不能变长，于是它们之间的螺距角[⊖]变得更小，从而导致执行器变短并承受压力（见图 5-1）。

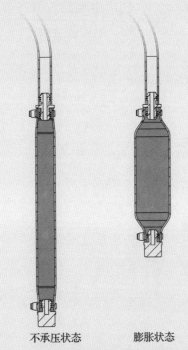

不承压状态   膨胀状态

图 5-1　运动中的 McKibben 肌肉示意图

⊖　一般指编织网与轴向的夹角，也称编织角。——译者注

1957 年，新墨西哥州洛斯阿拉莫斯国家实验室（Los Alamos National Lab）的原子物理学家 Joseph Laws McKibben 博士发明了 McKibben 肌肉。这是为了帮助他因为患小儿麻痹症而瘫痪的女儿 Karan，那时她还只是个 13 岁的孩子。McKibben 博士制造了一个由压缩二氧化碳提供动力的矫形器，这个矫形器安装在 Karan 的左手上，可以用一个小型杠杆驱动。这便是最早的 McKibben 肌肉。装置中使用的阀门本身也是 McKibben 博士自己独特的设计——他已经设计了各种各样的阀门，这是他研究工作的重要部分。

自从被发明以来，这种肌肉的设计已经发展并演变为很多种不同的类型。我们可以在一些现代的机器人中找到它的踪影，特别是作为机器人的末端执行器，用来处理微小的或形状多变的物体。由 Shadow Robot 公司开发的（Shadow Dexterous Hand）是一种拟人化的自适应机械手，它就使用了 McKibben 肌肉的原理来进行抓握，其原理与我们的前臂肌肉为手指提供动力的原理类似。

McKibben 肌肉是对动物肌肉的一种有趣仿生。它和动物肌肉一样都是纤维状的和有弹性的，不需要硬性地停止来保证运动不超过安全极限。人体肌肉的收缩是通过分子尺度的棘轮作用实现的，即肌肉纤维内部的两种不同的蛋白质相互拉动，使纤维缩短。当所有这些纤维一起拉动时，肌肉就会收缩。

项目：
McKibben 肌肉

在这个实验中，我们展示了一个由日常材料制成的简易 McKibben 肌肉（见图 5-2），通过挤压一个手动泵就可以让它举起重量比较轻的物体。这个装置还可以连接空气电源，这样它就可以被数字化控制。

材料

气球

内径为 3/8 英寸的电缆套（McMasterCarr #9284K3 号零件）

2 根束线带

大约 4 英寸长的衣架用钢丝，任意 1/8 英寸直径的钢丝也可以

鲁尔转 1/4 英寸螺纹接头（McMaster-Carr #51525K223 号零件）

工具

束线枪

剪刀

尖嘴钳

打火机

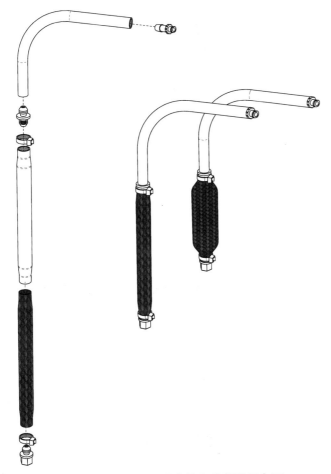

图 5-2　McKibben 肌肉的立体装配示意图

操作说明

1. 收集所需的材料（见图5-3）。

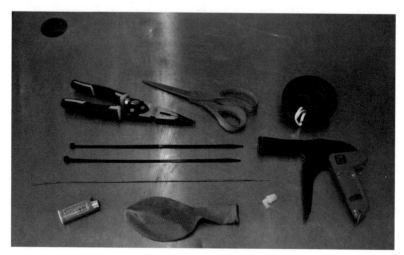

图 5-3　摆放好所有材料

2. 将电缆套剪成大约8英寸的长度（应和气球长度一样），如图5-4所示。

图 5-4　比照气球测量电缆套的尺寸

3. 用打火机将电缆套的末端熔化，以防止其磨损后分叉（见图5-5）。

图 5-5　熔化电缆套的末端

4. 把电缆套拉到气球上。要做到这一步，需要挤压电缆套让它把口打开，以适应气球的大小。将气球完整地塞进电缆套，然后把气球拉出来一点，保证气球封闭那一端有 1/4 英寸伸出电缆套，气球另一端剩余部分也从电缆套另一端伸出来（见图 5-6）。

图 5-6　拉着气球穿过电缆套

5. 用尖嘴钳将钢丝末端弯成一个小钩子（约 1/4 英寸），如图 5-7 所示。

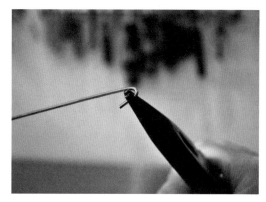

图 5-7　在钢丝上弯出一个小钩子

6. 紧接着再在同一根钢丝上的另一端弯出一个方向相反的大钩子（大约 1 英寸），如图 5-8 所示。

图 5-8　在钢丝另一端弯出一个方向相反的
大一点的钩子

7. 把弯成的金属钩剪断（见图 5-9）。

图 5-9 将金属钩剪断

8. 用束线带把钩子捆牢。用束线枪把金属钩绑在气球封闭那一端的电缆套上方 1/8 英寸的地方（见图 5-10）。

图 5-10 固定金属钩

9. 将气球的颈部卷起来，并插入鲁尔接头（见图 5-11）。

图 5-11 把气球卷起来放在电缆套上

10. 给鲁尔接头绑上一个束线带。保证束线带捆在鲁尔接头的中间，这样当你用完成的人工肌肉提起重物时，它就不会掉下来。束线带需要绑得很紧，以防止滑落，如果没有束线枪可能很难绑紧。如果你没有束线枪，可以用钳子夹紧电缆套的自由端，然后通过钳子的棘轮机构将束线带拉远，但这样做也不能保证它被捆得最紧（见图5-12）。

图 5-12　用束线带固定鲁尔接头

11. 固定好第二个束线带后，McKibben肌肉就完成了（见图5-13）。用手动泵测试一下。如果漏一点气也没关系，它仍然可以举起惊人的重量。

图 5-13　完成的 McKibben 肌肉

12. 用胶带把你的McKibben肌肉固定在桌子的一边，或者在鲁尔接头的位置轻轻地把它固定在长凳上。把一个咖啡杯或手电筒或者别的小物件挂在挂钩上，用手动泵充气，观察它的工作情况（见图5-14）。

图 5-14　用 McKibben 肌肉拎起一个杯子

第 6 章

3D 打印
最佳实践

在过去的十年里，3D 打印技术取得了飞速发展。当 Matthew Borgatti 在大学里第一次尝试修理机器时，他需要花费较高的价格来打印机械结构。从那以后，他在布鲁克林市看到了 MakerBot 的雏形，并且花了大量时间使用粉末打印机来制作软体机器人，这种粉末打印机也是 Jim Bredt（早期 3D 打印公司 Zcorp 的联合创始人之一）在实验室研发材料所使用的打印机。Matthew 也最终为实验室添购了一台 Ultimaker 3D 打印机。

消费级别的 3D 打印机（以下简称"打印机"）刚开始非常简陋并且很难实现像模具这样有防水要求的设计。但现在市面上已有十几款价格低于 1000 美元的打印机，可以非常容易地打印出高质量的 3D 零件。

尽管如此，还是需要确保打印机能够实现一些关键特性指标：平整度、清洁度、防水层和尺寸精确度。在这一章中，我们将介绍如何评估打印的质量，如何排查问题，并最大限度地使用好打印机。

如果你没有打印机，或者你的打印机总是不太好用，你可以通过诸如 Shapeways、Ponoko、i. Materialise 或 MakeXYZ 这样的服务来打印。

打印设置

以下是我们在 Ultimaker 2 打印机上使用的相关参数设置，用来打印生成本书中的零件。所有的项目都遵循这些设置（除非另有说明），最后你将打印出高强度的、精确的、防水的 3D 打印件。我们已经在项目教程中尽可能避免设计出极端的悬臂梁、支撑材料和需要花哨打印技巧的部件。然而，由于每个打印机是不同的，因此你可能需要根据你自己的打印机微调参数设置，选择是否添加支撑材料和调整填充物，以获得最佳的打印效果。

- 打印机：Ultimaker 2
- 材料：3 毫米 PLA
- 喷嘴：0.4 毫米
- 层厚：0.1 毫米
- 壁厚：0.8 毫米
- 填充密度：30%
- 打印速度：50 毫米 / 秒
- 打印温度：210 摄氏度
- 热床温度：70 摄氏度
- 支撑：接触平台支撑（touching buildplate）
- 喷嘴孔径：0.4 毫米
- 支撑类型：网格
- 支撑角度：65
- 支撑填充率：15

检查及整理

为了帮助你判断打印机是否已经具备

打印本书中指定项目零件的能力，我们设计了一个测试零件，你可以使用它来评估你的打印机是否调整好。采用前面的打印设置，将其中一个宽平面在你的打印机热床上平整地打印出来（见图 6-1）。

打印完毕后，确保每个零件都完全冷却下来后再从打印机上取下来，因为当零件还未完全冷却时，你对它施加的任何力量都可能造成零件永久变形。打印机的打印床降到室温可能需要 10 分钟，所以你需要耐心等待。

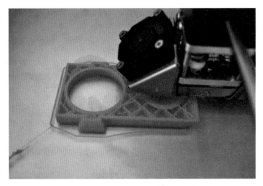

图 6-1　打印测试零件

当你从打印机上取下测试零件后，先检查打印件是否精确。由于在打印时打印材料会受热膨胀，因此你的零件中存在一定的热应力，冷却时零件则可能会收缩（最明显的收缩方向是沿着它最长的尺寸或者任意宽的平面）。冷却时收缩和内应力积聚这两种类似的特性会出现在很多物体上，从 3D 打印材料、铸铁，到锻压铝轨，再到芝士蛋糕（如果你曾经从烤箱取出一个完美的芝士蛋糕，在冷却时发现蛋糕顶部出现裂纹，这是因为馅料在凝固时会缩小，并且由于内部应力裂开而无法保持在一起）。

我们将这个测试零件设计成旋转对称的结构，这样你就可以观察打印机是如何处理悬臂结构的。比较一下将面朝下打印出来的碗和将面朝上打印出来的碗。它们的结构看起来应该基本相同，在打印床一侧的悬臂结构的表面不应该有任何缺陷。

精确性

为了确定测试打印的精确性，你需要检查打印件的尺寸。

用一副数字式游标卡尺测量你的零件。如图 6-2 所示，零件应该是长 80 毫

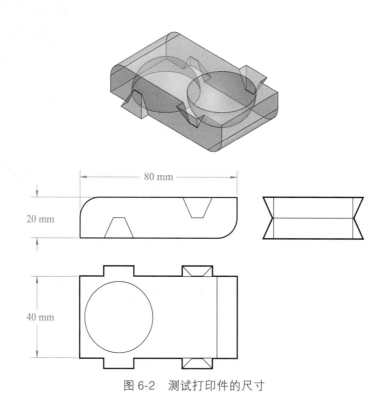

图 6-2　测试打印件的尺寸

米，高 20 毫米，宽 40 毫米。影响零件最终打印质量的最主要的测量方法因项目而异。但是，零件总的长度、宽度和高度通常是整体精度的最好的反映。因此测量结果的误差不得超过 2%，这意味着在这种误差要求下，你的打印长度不应超过 81.6 毫米或不少于 78.4 毫米。

平面度和直线度

接下来，检查零件是否平整。如果你的零件在打印过程中从打印机上翘起，那么当你将它们组合成多部件模具时，它们可能会因为变形而无法密封（见图 6-3 和图 6-4）。你可以通过用铝箔胶带密封模具的连接缝隙来防止模具泄漏，但是对于弯曲的零件，很难浇注出预期的效果。检查零件翘曲的一种方法是将打印件放置在平坦的表面上，例如玻璃板或工作台。如果你可以前后晃动它，并听见它在表面嘎嘎作响，则表明它变形了，那么你需要重新打印。

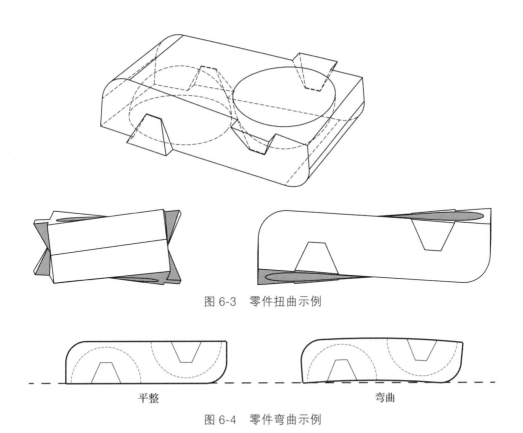

图 6-3 零件扭曲示例

平整　　　　　　　弯曲

图 6-4 零件弯曲示例

为了检查平面度，你可以将零件放置在一个平坦的表面上，并在其后面用强光照射。如果零件是平的，你应该看不到任何光线从零件和表面之间的缝隙中漏出（见图6-5）。

图 6-5 一个合格的打印件示例

我们发现防止打印时翘曲最有效的方法就是降低打印速度且用物体覆盖打印机，以免受到拉扯或温度快速变化的影响。

> **小贴士** 在 3DVerkstan 技术支持的网站（http://support.3dverkstan.se/article/23-a-visual-ultimaker-troubleshooting-guide）上有一个非常不错的可视化指南，称为"A Visual Ultimaker Troubleshooting Guide"，介绍常见打印问题以及如何解决这些问题。它比我们这里的讲解更加深入。即使你的打印机没有问题，我们也建议你浏览一下。

打印清理

在本节中，我们将描述一些需要注意的常见的打印问题。同时，我们也会介绍解决这些问题的简单方法。你可以在零件打印完成后修复这些问题。你也可以重新调整打印设置后重新打印。

坑洼和颗粒（小疙瘩）

当你在挤出机中挤出过多的打印丝，打印丝从喷嘴中出来得不均匀时，通常就会出现坑洼和颗粒（见图6-6）。有时也会因为打印机的挤出速度太快，或者是因为挤出机内有间歇性堵塞，导致打印丝随机倒退而出现这种情况。如果你的零件上只有几个点，你也许可以用一把钢丝锉刀或者砂纸把它们清理干净。

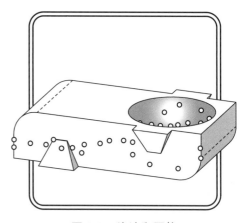

图 6-6 坑洼和颗粒

飞丝

当多余的打印丝从打印机中滴出时，

就会发生飞丝现象（见图6-7和图6-8）。当你没有启用打印缩回功能、在高温下打印以及挤出机喷嘴在打印件之间缓慢移动时，出现这种情况的可能性很高。通过增加缩回力，降低挤出温度，提高打印机的行程速度就可以解决这个问题。

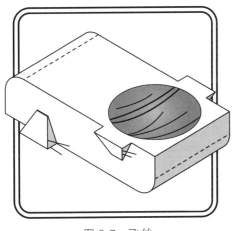

图6-7　飞丝

图6-8　飞丝示例

图片来源：由Aidan Leitch提供

小贴士 如果只有少许飞丝附着在零件上，你可以简单地剪掉它们来修复打印件。如果你的零件上附着有很细的蛛网状的飞丝，你可能需要使用热风枪对准零件来使它们卷起来，这样你就可以更容易地去除它们。

对于较大的飞丝，可以用剪线钳剪掉多余的打印丝（见图 6-9）。

对于细小的飞丝，采用热风枪熔化这些细小的飞丝，可以让它们熔化聚结成一团。这使得它们更容易被去除。将热风枪在零件上方大约 6 英寸的位置晃动，注意不要对准零件任何一个部位太长时间，这样你就不会意外地熔化零件的主体部分。你应该能看到飞丝卷缩起来（见图 6-10）。

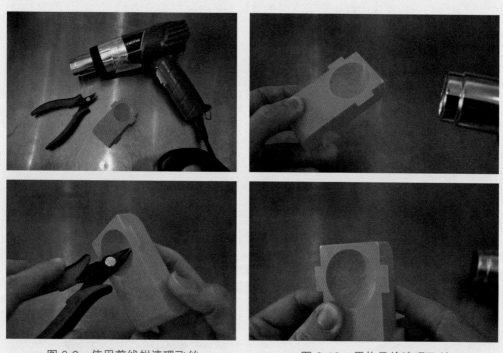

图 6-9　使用剪线钳清理飞丝　　　　图 6-10　用热风枪清理飞丝

断层和填充不足

断层和填充不足是个令人头疼的问题（见图6-11和图6-12）。这两个问题都会直接导致打印出来的模具报废。通过管理温度和控制打印环境就可以修复它们。

当打印件由于温度下降而迅速收缩时，可能会出现断层现象。通常是由于空调的冷气造成的，我们发现最简单的解决方法是找到并关闭打印机周围任何的冷气源。如果这在你所处的空间里很难做到，也可以做一个纸板外壳，在机器正在打印的时候罩在上面。

造成断层和填充不足也有可能是因为挤出机的喷嘴中没有足够的打印丝挤出来。有时可能是由于喷嘴局部堵塞，你可以采用原子拉力法来解决。也有可能是因为挤出机出丝口温度设置得太低。

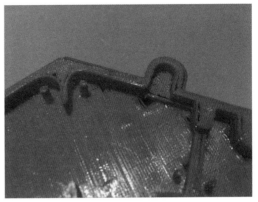

图 6-12　填充不足示例

图片来源：由 Aidan Leitch 提供

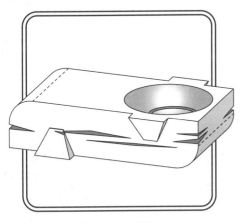

图 6-11　断层

对于未升级成2+版本的Ultimaker 2s打印机，还存在一个特殊的问题，即挤出机的特氟龙（聚四氟乙烯）材质连接器（coupler）在打印运行多个小时后可能会磨损。这会导致打印丝在连接头中聚集起来，使它不能以适当的速度流出。不幸的是，解决这个问题需要购买一个新的连接器。我们发现，在eBay上购买的价格与在FBRC8（美国Ultimaker官方零件供应商）上购买的价格大致相当。

解决打印问题的经验法则是降低打印速度，使用制造商建议的最高温度挤出，并保持打印机外壳尽可能在可控环境中。这可能意味着打印你的零件需要的时间比以下项目中估计的时间长，而且你可能需要为你的打印机搭建一个纸板容器来防止冷风让你的打印件翘曲、变形。

水密性

如果你的打印机打印出的零件可靠、干净而有光泽，那么你可能不需要这项检查。然而，及时检查零件的水密性并解决发现的问题更好，避免你打印完12小时后才发现问题，那时候解决起来就困难了。

要检测零件的水密性，你需要准备几件注塑设备：

- 压舌板
- Smooth-On Ecoflex 00-50 A 号和 B 号硅胶
- 搅拌杯
- 电子秤

执行以下操作：

1. 使用电子秤，在搅拌杯中称 10 克 A 号胶和 10 克 B 号胶。

2. 用压舌板将 A 号胶和 B 号胶混合搅拌 30 秒。

3. 将混合后的硅胶倒入测试模具的半球腔中，直到空腔的上边缘（见图 6-13）。

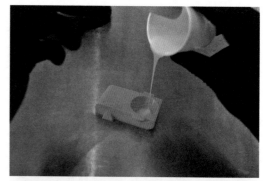

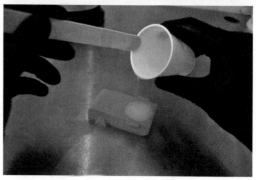

图 6-13　将硅胶倒入测试模具中

4. 静置两个小时后，去除模具。

在其他项目中，你可能需要等待更长的时间，以确保硅胶完全固化，使得从模具中取出后不会出现塌落和翘曲现象。但是此次注塑仅用于评估打印机是否能够打印出水密性模具。

如果硅胶液面没有下降，那么表明你的模具水密性良好。

5. 取出硅胶并检查。注意看有没有丝状的硅胶，或者是像鳞片一样粘在注塑件上的东西。这些迹象表明，你的打印件不是水密的，因为硅胶能够在你的打印层之间流动并留下裂纹痕迹（见图 6-14）。一个简单的解决办法是增加打印件的壁厚，然后再试一次，直到你得到均匀一致的水密打印件。

如果你拔出一个漂亮的半球形硅胶，且模具上没有任何分层的迹象，测试零件良好，尺寸在误差范围之内（见图 6-15），那么你已经具备打印软体机器人模具的一切条件。

图 6-14　当你的打印件不防水且硅胶从模具中流出并进入打印层之间时，外观就是这样。这个特殊的打印件有一些填充不足的地方，这使得硅胶可以被吸入其中

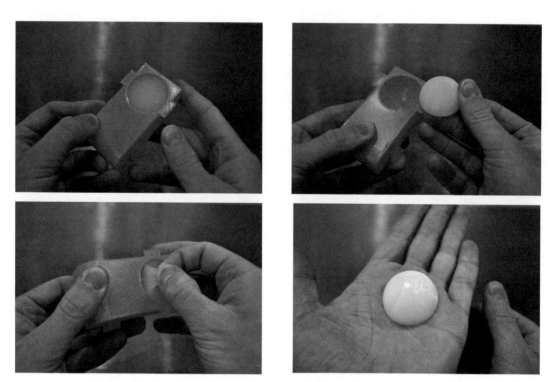

图 6-15　从测试模具中取出硅胶注塑件

　　接下来，我们将使用一些打印的零件来制造一个真空驱动式堵塞夹持器。此后，我们使用定制的设备来强化这些打印技能，以进行精确的硅胶注塑，然后开始打印模具以制造复杂的软体机构。

第 7 章

鲫鱼夹持器——一种真空驱动式堵塞夹持器

颗粒堵塞（granular jamming）听起来很奇特，但这是一个简单的现象。这种现象在生活中非常常见。每当颗粒状的材料压缩到不能彼此分离时，整体开始像一个固体，而非一堆独立的个体一样起作用，这种现象就会发生。你可能已经听说过如何在流沙上快速穿行而不会下沉，因为你的脚让流沙表面受到很大的冲击，这个区域吸收了冲击后会聚集起来，就像一块固态物体一样。然而，缓慢地走过它则会使沙粒有时间绕过另一个沙粒并像液体一样流动，将你拖陷下去。

同样的事情每天都在街道上发生。交通会拥堵，汽车无法互相让路，最终表现得像一个巨大的固态物体，不能在城市中"流动"（见图 7-1）。当你在水中加入玉米淀粉时，也会发生这种情况。微小的淀粉颗粒就像流沙一样，当它们同时吸收大量的力时，就无法摆脱彼此的阻碍。这种玉米淀粉浆，有时也被称为欧不裂（oobleck），只要被挤压或敲打，就像固

图 7-1 大规模的堵塞。交通堵塞就是大规模的颗粒堵塞

图片来源：在纽约市第一大街和第 57 大街交叉路口，车辆和行人"堵塞盒子"导致的僵局（Gridlock resulting from vehicles and pedestrians 'blocking the box' at the intersection of 1st Avenue and 57th Street in New York City），由 Wikimedia Commons 网站 Rgoogin 提供，在 CC BY-SA 3.0 授权许可协议下发布

体一样，但一旦压力消失，它会立即变回黏稠的浆状物。

冲击力并不是造成堵塞的唯一方式。你也可以通过控制颗粒间的空间距离来让堵塞出现和消失。如果你曾经在杂货店里买过真空包装的意式浓缩咖啡、大米或豆类，那么你就会看到有些东西在真空下挤压在一起时会变成像实心砖一样。一旦密封袋被打开，它们就会变成松散的自由滚动的颗粒。

研究人员一直在研究软体机器人领域的堵塞问题。Empire Robotics 公司的夹持器就是基于颗粒堵塞式的。你可以在哈佛生物设计实验室（Harvard Biodesign Lab）的软体机器人工具包（Soft Robotics Toolkit）网站中找到一个堵塞驱动的机器人设计。我们可以利用同样的特性制作一个简单的夹持器，它可以在没有任何电缆、弹簧或铰链的情况下抓取各种各样的物体。如图 7-2 所示就是用一个组装好的颗粒堵塞式鲫鱼夹持器拿起了一把螺丝刀。

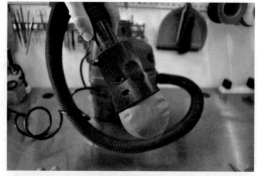
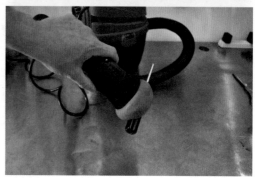

图 7-2　一个组装好的颗粒堵塞式鲫鱼夹持器拿起一把螺丝刀

项目：
搭建一个鲫鱼夹持器

打印部件

前壳体

后壳体

夹持器锥体

扣环

设备

电子秤

T10 梅花螺丝刀 (McMaster-Carr #5756A14 号零件)

带软管的真空吸尘器

台虎钳

硬件

6 个 8 毫米 M3 塑料螺钉 (McMaster-Carr #96817A908 号零件)

消耗品

100 克咖啡渣（如果你想回收用过的咖啡渣，请务必事先将它们彻底烘干。我们建议把它们放在不锈钢平底锅里，然后在烤箱里慢慢加热一个小时，直到它们完全干燥，呈沙状。）

3 英寸长的橡皮筋（最好是像缠绕在卷起的海报上的橡皮筋那样结实。）

18 英寸的橡胶气球

1 平方英寸的薄布（厚度不超过 1 毫米，可以使用薄的聚酯纤维、尼龙纤维或纯棉的。一件旧的 T 恤衫即是本项目裁剪和使用的理想之选。）

制造纲要

你将会在接下来的内容中看到"制造纲要"这个部分，这部分内容主要是为了帮助你完成每个项目的制作。这是一个让你可以像看食谱一样来完成项目的步骤和时间表。你可以把它想象成一个飞行员在飞行前使用的检查清单。你可以将它复制并打印出来，并在执行每个项目的制作步骤时逐项勾选。

要使用制造纲要，我们建议你首先阅读整个教程，然后在收集了材料并准备开始搭建项目之后再看纲要。这样，你可以得到一个清晰的执行项目的时间表，并且在完成项目的时候勾选这些步骤。

- 打印时间：18 小时。
- 加工时间：1 小时。
- 总时间：19 小时（操作时间 1 小时）。

○ 打印前壳体、后壳体、夹持器锥体和扣环。

○ 从打印件中取出所有支撑材料。

○ 收集你所需的材料和工具。

○ 把夹持器锥体固定在台虎钳上。

○ 将你的两个食指放在气球的开口处，然后把它拉伸到夹持器锥体上。

○ 将气球完全套在夹持器锥体上。

○ 修剪气球的颈部，使其距夹持器锥体顶部约 1/2 英寸。

○ 将气球的修剪端折入夹持器锥体的开口中。

○ 将扣环安装到夹持器锥体上。

○ 将漏斗放入夹持器锥体的开口处。

○ 将漏斗和气球整体组装件一起放置在电子秤上。

○ 将电子秤归零。

○ 将咖啡渣倒入漏斗中，轻敲气球，让咖啡渣落入气球中，总共在气球中填充 60 克咖啡渣。

○ 拆卸扣环。

○ 将一块 1 平方英寸的布覆盖在夹持器锥体的入口处。

○ 把扣环固定在布上。

○ 修剪扣环周围多余的布。

○ 测试组件安装到外壳中的情况，必要时修剪掉多余的布料。

○ 将前后壳体安装到夹持器锥体组件上。

○ 用橡皮筋临时固定外壳或将其夹紧在台虎钳中。

○ 用梅花头螺丝刀将六个梅花头螺丝固定在外壳中。

○ 将吸尘器软管安装到外壳的开口端。

○ 打开吸尘器启动夹持器。

○ 完成！

在你收集好所需的材料和工具之后，请仔细阅读这个表，以便熟悉你将要搭建的项目。项目示意图如图 7-3 所示。

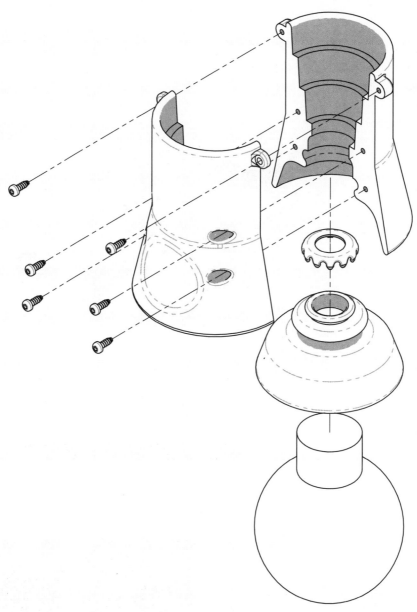

图 7-3　项目示意图

操作说明

打印并清理你的夹持器零件

1. 打印此方向放置的所有鲫鱼夹持器零
   件（前后壳体、夹持器锥体和扣环）如
   图 7-4 所示。

> **注意** 将外壳部件正面朝下打印，以
> 使它们尽可能少地翘曲。过度的翘曲
> 会阻止它们与气球形成良好的气密效
> 果，并减弱夹持器的抓取效果。

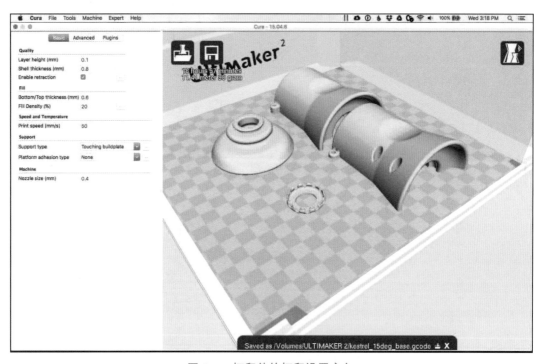

图 7-4　打印件的打印设置方向

夹持器锥体是唯一需要添加支撑材料才
能成功打印的部件。当我们设置任何大
于 60 度的打印角度时都应添加支撑材
料，这样的打印效果最好。

2. 拆下所有支撑材料并清理打印件（见
   图 7-5）。有关正确清理和管理支撑材
   料的详细信息，请参见第 6 章。

图 7-5　打印并清理完毕的零件

制作堵塞元件

1. 要制作堵塞元件，首先要收集所有的材料，包括刚打印出来的部件（见图7-6）。

图 7-6 用于组装鲫鱼夹持器所需的材料

2. 当你准备开始的时候，请将夹持器锥体固定在台虎钳中。确保它被牢牢地固定住，但是不要夹得太紧以避免造成零件破裂（见图7-7）。

图 7-7 夹持器的锥体固定在台虎钳中

3. 将18英寸的气球安装在打印的夹持器锥体上。把你的两个食指伸进气球的吹嘴，尽可能地拉伸气球的吹嘴，把夹持器锥体的边缘塞进去（见图7-8）。

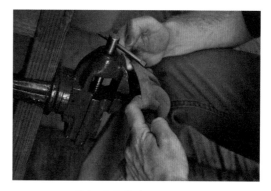

图 7-8 将气球拉伸安装到夹持器锥体上

4. 把气球慢慢地缩放在圆锥体上，确保不要刺破或刮擦它（见图7-9）。

图 7-9 气球向上拉过夹持器锥体的最宽部分。从这里开始，一切就很轻松了

5. 一旦夹持器锥体进入气球内部，将锥体向上移动，直到它停留在气球的颈部到气球中部的区域（见图 7-10）。

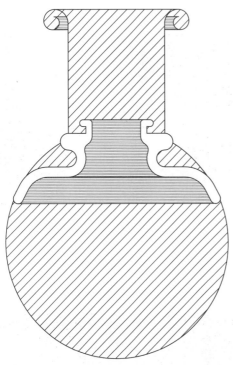

图 7-10　修剪之前，夹持器锥体应放置在气球中的位置

6. 修剪气球的颈部，使其距离锥体上方约 1/2 英寸（见图 7-11）。

图 7-11　修剪气球

7. 将气球的颈部塞进锥体的入口处，然后按上连接扣环。如果你很难把气球的剪切端塞进去，可以使用圆珠笔将其向下戳（见图7-12）。

图7-12 将气球的末端固定到夹持器的圆锥孔中

8. 把组装好的气球和锥体，连同漏斗一起放在电子秤上，然后将秤归零。用漏斗将大约60克的咖啡渣装到气球中。咖啡渣只需要勉强装满气球，无须装得太紧密。它们需要稍微松一点才能使夹持器正常工作。

我们发现让咖啡渣流入气球的最简单的方法是在漏斗中加一半咖啡渣，把气球提起，然后轻拍漏斗（见图7-13）。一旦咖啡渣进入，气球应该很容易移动和转动，就像半袋的果倍爽（袋装饮料）。

图7-13 用咖啡渣填充气球

> **注意** 咖啡渣可能会在气球和夹持器锥体之间滑动。在继续下一步之前，请先在锥体的边缘周围摸一下，然后将所有散开的咖啡渣向下按压回到气球主体中。

9. 将咖啡渣放进气球后，卸下扣环，将布盖在锥体的入口上，然后重新安上扣环（见图 7-14）。

10. 将橡皮筋缠绕在锥体的圆环上。橡皮筋应该绑紧，它需要在边缘上多次缠绕（见图 7-15）。

图 7-15　用橡皮筋在锥体中的圆环周围缠绕几圈

11. 把橡皮筋周围的布修剪一下，使它大致呈圆形（见图 7-16）。

12. 在该组件周围试着安装打印好的外壳，以确保所有零件都不需要绑定就可以组合在一起。你可能需要修剪额外的布料，以确保两半壳体能够吻合（见图 7-17）。

图 7-14　用布覆盖后重新装上扣环

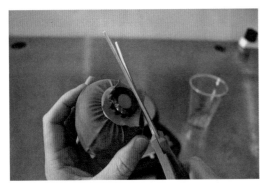

图 7-16　修剪布边缘

图 7-17　试装打印件外壳

13. 将两个已打印的外壳放在气球组件周围，并用六个螺钉固定。

14. 将整个组件放在台虎钳中，或用橡皮筋将两个已打印的外壳固定在一起，以便在拧紧螺钉时将所有部件都固定在一起（见图 7-18）。

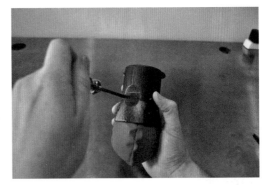

图 7-18　插入自攻螺钉并合上夹持器

15. 现在是时候准备使用你的夹持器了。为此，你首先需要将吸尘器软管的一端插入夹持器的开口端（见图 7-19）。

16. 现在用力将夹持器压在要拾取的物体上并打开吸尘器。夹持力来自咖啡渣的固定，因此夹持器可以完全包围物体，例如乒乓球、工具手柄，或者其他任何截面是圆形的东西，效果都很好（见图 7-20）。

图 7-19　插入真空吸尘器软管

17. 要放开刚才抓取的东西，请关闭真空吸尘器，然后等待几秒钟，以使空气回流到夹持器。

注意 夹持器真空连接端内侧的锥形阶梯形状是比照适合最常见的真空吸尘器软管尺寸设计的。如果你的软管太小而无法紧密地安装在锥形管上，那么你可以在软管周围缠上几层管道胶带，直到感觉牢固为止。

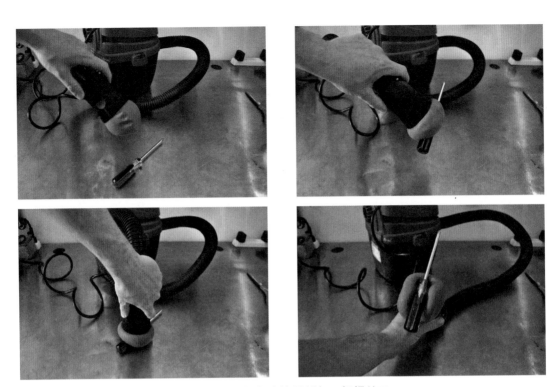

图 7-20　用鲫鱼夹持器抓起一把螺丝刀

第 8 章

混合和
注塑硅胶

模 具成型技术是用于制造物体的非常有用的方法。这一过程至少已
经存在了 5700 年。通常来说，注塑成型就是用一种物质填充空
腔，经过某种过程，这种物质会变得足够坚固，可以从空腔中脱出并使
用。对于某些材料，这个过程是一种催化和化学过程，例如混凝土或环
氧树脂的凝固过程。对于另一些材料来说，则是一种相变，即材料在室
温下为固体，而在加热时为液体。这些材料可以倒入模具中并固化。有
些材料（如胶木）则是以粉末形式装入半边模具，并通过压在上部的另
半边模具产生的热量和压力固化。

采用模具制作的方式能让你大批量创造非常精确的部件。通过控
制诸如温度或正在使用的注塑材料的混合比例等因素，你可以逐渐获
得一些通用的注塑经验，也会获得特定过程中如何使用特定模具的经
验，这些经验都能让你在注塑过程中快速找出缺陷和改进不精确之
处。对于业余爱好者或创客来说，用 3D 打印的方式制作模具是一笔
巨大的财富，因为它可以让你在极短的时间内将头脑中的想法转化为
数字图形，然后在几乎任何材料中转化为实物（见图 8-1）。此外，由
于 CAD 设计易于微调，因此你可以创建物理原型以进行评估和调整，
直到获得正确的方案为止。

硅胶

硅胶（silicone）可以有很多不同的含义，这取决于你对谁提出这
个问题。有些人指的是特定品牌的建筑填缝材料。有人指的是液体硅

橡胶（LSR）。有些人指的是聚二甲基硅氧烷（PDMS）。所有这些橡胶状胶黏剂的共同点是，它们都由一系列硅树脂分子组成。

图 8-1　通过 3D 打印的硅胶模具注塑而成的锡铋合金零件

在本书中，当我们提及硅胶时，指的是由两部分组成的液态硅胶。本书的项目均由 Smooth-On Ecoflex 00-50 硅胶制成，可在网上轻松找到。Wacker、Polytek 以及 Dow 等分销商和制造商都可以提供高质量的硅胶，但我们发现，Smooth-On 是最容易在美国采购的产品，并且拥有许多国际分销商。具体能不能买到，可能会根据你所在的地区而有所不同。如果你想找另一种替代品，请选择具有与技术说明中所列产品的邵氏硬度、拉伸强度、断裂伸长率和收缩率等均相似的同类产品。以下是 Smooth-On Ecoflex 00-50 硅胶的产品规格，供你参考：

- 邵氏硬度：00-50
- 拉伸强度：315 psi
- 断裂伸长率：980%
- 收缩率：<0.001 英寸 / 英寸

记得根据需要调整用量、混合方式和时间，以适应各种替代材料。

两部分的液态硅胶一般由 A 号硅胶和 B 号硅胶组成，当混合在一起时会发生反应，固化成一个固体块。有时这两部分以 10:1 的比例混合。有时，这是一种稀薄的液态催化剂，与浓稠的黏性橡胶基质混合使用。对于我们在以下项目中使用的 Ecoflex 来说，它是两种液体成分按 1：1 的比例调成的混合物，具有蜂蜜一样的稠度。

化学性质

液态硅胶通过硫化（vulcanization）过程进行固化。这一过程将无定形的聚合物转变为有序的晶格。这种转变可以通过加热来完成，这是大规模批量生产中常用的制造硅胶零件的方法，例如生产平底锅衬板、搅拌碗和铲子时。固化也可以通过添加催化剂，在室温下引发链式反应来实现。这就是为什么你在本书中使用的硅胶分为两部分并且需要仔细测量：一部分含有加入催化剂时聚合在一起的化合物，另一部分含有催化剂以及增加橡胶最终性能的惰性化学物质。尽管允许存在少许误差，但你仍需要配置正确的催化剂和硅胶比例，才能使所得零件具有可预测的性能并保证固化。

硅胶一旦固化，就会变得坚韧。它们不会随着时间的推移而脆化或变形，不容易被许多常见的溶剂（如水、丙酮或酒精）溶解，也不容易与其他物质结合。这就是它们能制造出很好的注塑化合物的原因：它们不会因为空气中的湿度而改变性能，即使你在注塑件之间用溶剂将它们擦洗干净，它们也不会分解，而且它们也不会黏附在注塑它们时碰到的任何东西上。但是，你仍然需要当心固化抑制导致的问题。

固化抑制

当有东西阻碍了材料的固化时，就会产生固化抑制（cure inhibition）作用。这种情况经常发生，因为某些东西打断了硫化过程，可能是因为另一种化学物质进入并破坏了催化剂，或者占据了原本用于连接这些聚合物的键。在你自己的实验中，减少固化抑制的最佳方法是保持工作空间整洁，在进行大规模注塑之前进行点滴测试，并留意常见的固化抑制剂。水、酒精和某些黏合剂（如聚氨酯胶）都会抑制固化。幸运的是，如果你已

经用水或酒精清洗过模具，则可以在完全干燥后安全使用。为了保护你的注塑件不与固化抑制黏合剂发生反应，你需要在模具上涂上诸如 Smooth-on SuperSeal 或 PVA 之类的密封剂（见图 8-2）。

乳胶也是硅胶的敌人。如果你在搅拌混合和浇注硅胶的时候使用乳胶手套（见图 8-3），那么很有可能最终会得到未固化的流质硅胶，甚至等待几天后才能开始使用，或者在你的手套接触模具的注塑件部分留下未固化硅胶的浅浅的指纹。进行所有模具混合和浇注时，请记住戴丁腈手套（见图 8-4）。

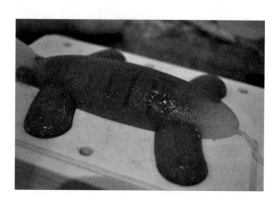

图 8-2　将铂固化硅胶（例如 Smooth-On Dragon Skin 或 Ecoflex）浇注到锡固化硅胶（例如 Smooth-On Mold Max）制成的模具中产生的表面固化抑制作用

如果你在其他项目中使用 Plasticine 橡皮泥或 Castilene 蜡基雕塑泥，请小心地用酒精和纸巾将它们彻底清洁。像 Plasticine 橡皮泥或 Castilene 蜡基雕塑泥这样的油基黏土和乳胶手套一样都

与使用铂元素作为催化剂加成固化的硅胶混在一起的原因是它们都含有硫。硫元素存在于某些油基黏土中，是橡胶手套硫化过程中的重要成分。硅胶中的铂催化剂通过将混合的乙烯基化合物黏合在一起，形成牢固的三维晶格结构。如果在硅胶中加入硫，硫就会与铂元素激烈地结合，从而阻止铂树脂将乙烯基聚合物结合在一起。这就是为什么如果你事先用乳胶手套处理模具部件，就会在注塑硅胶上留下黏稠的未固化的指纹。这也是为什么如果你试图注塑一个橡皮泥雕塑，而且在浇注之前没有完全密封，那么你的模型上将会有一层永久性的未固化的硅胶。以上这两个深刻教训我们在此重点提醒。

和处理生鸡肉一样，要当心乳胶手套或硫性黏土的接触：注意它们接触过的表

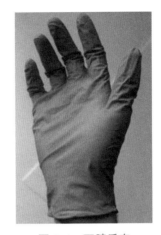

图 8-4　丁腈手套

图片来源："一次性丁腈橡胶手套"（A Disposeable Nitrile Rubber Glove），Wikimedia Commons 网站上的公开图像

面，在接触它们后先洗手再去触摸其他东西，使用后彻底清洁所有工作表面。

安全

我们选择硅胶作为大多数软体机器人中使用的材料，因为它安全、通用且容易找到。许多浇注料中都含有易挥发的挥发性化合物，但由两部分组成的硅胶则不然。这些化合物包括溶剂、催化剂和其他你一定不希望吸入肺部的化学物质。呼吸防护口罩可以减少很多暴露的风险，但即使在生活中经常使用呼吸防护口罩，我们仍希望使用不会影响健康的材料。

注塑硅胶的确含有微量的重金属，如果你在未固化的状态处理它，这些重金属会进入你的身体。这就是为什么我们建议

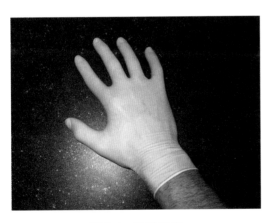

图 8-3　乳胶手套

图片来源："乳胶手套"（A Latex Glove）由 Wikimedia Commons 网站 Melkom 提供，在 CC BY-SA 3.0 授权许可协议下发布

戴上一次性手套，并在容易用纸巾和酒精清洁的塑料板或金属桌子等表面上进行工作。

混合搅拌和除气泡

当汽水在瓶子或罐子里受到压力时，会有一些二氧化碳和液态苏打水混合在一起。就像糖在热咖啡中比在冰茶中更容易溶解一样，气体在加压的液体中溶解比在NTP（常温常压，即标准测试温度68华氏度，海平面压力14.7 psi）下容易。当你打开汽水罐的盖子，压力降低，二氧化碳开始从液体中冒出来。在NTP压力下一个小时左右，几乎所有的气体都会从液体中释放出来，苏打水就会变得没气了。

如果你把压力降低到海平面压力以下（比如说，在山顶或真空室内打开），气泡会更有活力，苏打水会在很短的时间里放气。你在日常生活中遇到的所有液体，都会有一些气体混入其中。你可能已经注意到自来水在一旁放了一会儿之后，杯边的气泡会聚集在一起。硅胶的作用方式与这类似。

将硅胶去除气泡能从两个方面提高注塑质量。首先，根据流体的浮力和介质的黏度，气泡会向上移动。如果你曾经搅拌过蜂蜜使它变得浑浊，你就已经目睹了这个过程。大气泡很容易浮到蜂蜜罐的表面，但是小气泡由于蜂蜜的厚度而更难浮上来。含有大量微小气泡的蜂蜜，或者奶油蜂蜜，可以保持这种状态数年而不会有气泡浮到表面。由于硅胶非常黏稠，因此你必须等待很长时间，才能让气泡自然地从中冒出来，如果你在混合浇注时引入了新的气泡，那么在混合物硫化之前，它们不可能全部冒出来。当你把硅胶放在真空中时，混合物中的气体会膨胀，但硅胶的体积保持不变。这意味着气泡会增大并变得更有浮力，从而帮助气泡上升至表面。

除气的第二个作用是除去溶入液体的空气。像水这样的液体能从大气中吸收一些气体。如果你摇晃过一个汽水瓶，或者把它放在炎热的环境中，直到容器膨胀和充满压力，然后把它放回冰箱一段时间，直到压力消退，你就可以看到这种性质。苏打水的二氧化碳溶液中有一些二氧化碳气体，当混合物被搅动时，这些气体就会变成小气泡。硅胶也有同样的作用，会自然地将大气中的一些气体吸收到溶液中。这种气体在真空状态下会让硅胶像苏打水一样冒泡。如果你彻底去除了气体，硅胶一旦倒入模具中，便会吸回一些气体。这意味着最终被困在模具中的微小气泡可以溶入硅胶中并消失。这就是硅胶可以如此精确地塑造物体纹理的原因之一——它能够吸收附着在纹理表面的角落和缝隙上的微小气泡，精确地塑造出每一个细节。

当你把液体硅胶倒入模具后，气泡会

聚集在模具的侧面，这些气泡要么太小，在浇注过程中无法破裂，要么完全处于溶液中。现代的硅胶非常擅长促进这些气泡上升到表面并破裂（使用表面活性剂，就像那些防止污水处理厂溢出泡沫的表面活性剂），但这仍然不能保证得到高质量的注塑件。这就是为什么这本书的下一个项目是一个 DIY 真空室。有了真空室，你就可以从混合硅胶中抽出全部气泡，这样就可以确保它不会在注塑件上沉积气泡。这对于书中所有的气动机器人来说都非常重要，因为气泡可能会形成一个薄弱点，导致你的机器人破裂。

由于液态硅胶具有黏性（黏度会随其撕裂强度而增加），所以一旦你称完重量，就需要马上彻底混合硅胶。唯一有效的方法是长时间搅拌材料，并在搅拌时刮擦混合容器所有的边缘和角落。由于硅胶 A 部分和 B 部分不能像食用色素那样在水中彼此流动分散，你必须用搅拌器或压舌板等棒状工具搅拌它们至少60 秒。

技术：制作硅胶注塑件

材料

真空室	烹饪秤
工艺棒或搅拌棒	丁腈手套
制动抽气泵（或真空泵）	一次性杯子
	两种型号的硅胶

操作说明

每次使用 DIY 真空室时，都要遵循以下步骤来获得高质量的硅胶注塑件。

1. 称量适量硅胶，然后充分混合搅拌。混合搅拌至少 60 秒。用压舌板刮擦容器的底部和侧面。

   如果你要添加颜料（例如 Smooth-On Silc Pig），则将等量的颜料添加到被称好的 A 号和 B 号硅胶中，然后再混合在一起。如果你打算使用相同的颜料制作多个注塑件，请事先将颜料预先混合到 A 部分和 B 部分中，并把它们储存好备用。

为了精确称量，你需要考虑到倒入硅胶的容器的重量。先把空容器放在你的秤上，然后归零。这是所有精确的电子秤都具有的功能，它所做的就是将刻度设置为 0，从而抵消了容器的重量。秤重归零后，再倒入硅胶。

2. 将装有混合硅胶的杯子放入真空室。

3. 将盖子放在真空室上，连接制动抽气泵。

4. 设置一个 5 分钟的计时器。

5. 启动制动抽气泵，尝试使泵上的压力表尽可能接近 25 英寸汞柱（25 英寸/汞柱），如果这是最大负压值。

   这可能很困难，但你要有耐心。如果事实证明这对你来说一直很困难，那么你可以在 eBay 购物网站上找到相对便宜的二手真空泵（通常称为叶片泵）来代替。只需确保它们可以降至 25 英寸/汞柱或更高（叶片泵通常降至 29 英寸/汞柱）即可。

6. 等待计时器响起。

   这让你的硅胶有时间排放出溶入的所有空气。你可以看到很大的气泡浮出表面，气泡浮出破裂几分钟后，硅胶整体慢慢平静下来。

7. 按下制动抽气泵前面的按钮，让空气回吸入真空室。

8. 把硅胶注入模具时，尽量从模具的最下层开始，注入一层薄而均匀的硅胶。这种"举高倒下"的方式可以让混合物中可能残留的任何气泡在顺流而下的过程中破裂，防止气泡在流入模具时再次被卷入硅胶中（见图 8-5）。理想情况下，你希望硅胶的胶面能均匀地沿模具壁上升，并在上升过程中压出所有可能的气泡。

图 8-5 使用"举高倒下"的方式将去除气泡的硅胶浇注到一个打印模具中

第9章

搭建属于自己的真空室

真空室是非常实用的。我们在软体机器人研究工作中几乎每天都会使用它们（见图 9-1）。它们解决了软体机器人技术中最棘手的问题之一——漏气。为了让充气式机器人能很好地工作，它必须做得完全密封。

图 9-1　组装好的真空室

当你搅动诸如硅胶之类的浓稠液体时，不可避免地会引入成千上万的微小气泡。这些气泡很可能会在注塑件的某个角落聚集在一起，形成一个麻烦的孔洞；或者它们可能长得足够大，以至于能够穿透机器人的外壁，导致一个难以修补的大孔。

防止这种浇注错误的最简单方法之一是去除混合在硅胶中的所有气泡。事实上，你可以从液体橡胶中抽出很多空气，这样它就只能从周围环境中吸收一点空气，这能够最大限度地减少最终注塑件中的气泡。

通过把混合的橡胶放入密封的容器中并除去所有的空气，你就能做到两件事。首先，你增加了现有气泡的大小，增加了它们的浮力，这反过来又会使它们迅速上升。其次，你使溶解在硅胶中的空气变成气泡冒出来，就像被摇匀的苏打水一样。

在这一章，我们将提供有关如何制作自己的廉价真空室的教程，从而帮助你更好地做出优质的注塑件和美观的软体机器人。

项目：
搭建真空室

打印组件

O 型圈模具座

O 型圈模具盖

设备

手动制动抽气泵（如果你买到的是包含至少 1/4 英寸导管的套件，则表示已经满足基本制作需求了；否则，你还需要购买此列表"原材料"部分中所示的软管。）

台虎钳

硬件

黑色记号笔

银色记号笔

中心冲头

钢锯或日式锯

锤子

60 目砂纸

120 目砂纸

月牙扳手

圆形或半圆形锉刀

组合直角尺

尺子

25 / 64 英寸钻头（McMaster-Carr # 8870A37 号零件）

2×5 英寸或更大的 C 形夹

食品秤

电钻

原材料

平木板或塑料板（尺寸至少为 12 英寸 ×24 英寸，厚度至少为 1/4 英寸）

6 英寸 ×6 英寸 ×3/8 英寸的亚克力板（McMaster-Carr#8574K311 号零件）

1/4 英寸 NPT 转 1/4 英寸倒钩接头（McMaster-Carr#5350K31 号零件）

1/4 英寸（直径）×3 英尺（长度）柔性 PVC 管（McMaster-Carr #5233K56 号零件）

8 英寸长、截面直径为 4 英寸的 SCH-80 PVC 管（可在 Lowes 和 Home Depot 等家庭装潢商店中找到）

4 英寸的 PVC 端盖（也可在家居装潢商店找到）

消耗品

轮胎胶

PVC 胶

PVC 表面处理剂（PVC 底漆）

喷涂胶

特氟龙胶带

90 克 Smooth-On Ecoflex 00-50 硅胶

丁腈手套

搅拌杯

搅拌棒

Mann Ease Release 200 脱模剂

制造纲要

- 打印时间：14 小时。
- 加工时间：2 小时。
- 浇注时间：搅拌 15 分钟，固化 3 小时。
- 总时间：17 小时 15 分钟（操作时间 3 小时 15 分钟）。
- ○ 打印两个半边模具。
- ○ 收集你所需要的材料。
- ○ 检查模具两半边是否匹配。
- ○ 在半模上喷脱模剂。
- ○ 混合搅拌 45 克 Smooth-On Ecoflex 00-50 A 号胶和 45 克 B 号胶 60 秒。
- ○ 将混合好的一半硅胶倒入下半部分模具。
- ○ 安装模具的上半部分，倒入剩余的硅胶，直到模具填满为止。
- ○ 在模具上面压一个重物，让它固化至少 3 个小时。
- ○ 切割一段 8 英寸的 PVC 管。
- ○ 用锉刀或砂纸清理切口的边缘。
- ○ 将管子装上端盖并使用记号笔和组合直角尺在顶部描画一条线，标记后再进行精细切割。
- ○ 用记号笔画一个箭头指向 PVC 管子侧面的那条线。
- ○ 夹紧你的管子，用钢锯或日本锯进行精细切割。
- ○ 使用喷涂胶将 60 目或 120 目的砂纸粘在平木板上。
- ○ 用砂纸打磨 PVC 管子的切边，先用 60 目的砂纸打磨，然后用 120 目的砂纸打磨，直到表面平整光滑。
- ○ 用砂纸或锉刀把切口的内外缘锉平，这样使其不至于太锋利。
- ○ 在亚克力板的中心标记一个 X。

○ 将中心冲头放置在该 X 的中心，然后用锤子敲打该冲头使亚克力板表面产生凹孔。

○ 将亚克力板夹在桌子上或台虎钳上的支撑底板上。

○ 使用凹孔引导钻头在亚克力板上钻一个 25/64 英寸的孔。

○ 测试你的倒钩接头。它应该能大致滑到你钻的那个孔的一半。

○ 用两层特氟龙胶带缠绕倒钩接头的螺纹连接处。

○ 用手拧入倒钩接头，直到难以再继续旋转为止。

○ 继续用月牙扳手将倒钩旋入亚克力板中，直到它也变得很难转动为止。

○ 除去亚克力板两面的保护膜。

○ 在端盖上标记 PVC 管底部的位置。

○ 使用 PVC 底漆，在管子的外壁标记线处涂抹。

○ 用底漆涂抹 PVC 端盖的内壁。

○ 将 PVC 胶水涂在先前涂底漆的相同位置。

○ 将管子压到端盖上，保持重量不变，压几秒钟。

○ 让这些零件静置至少 5 分钟。

○ 去掉模具的上半部分。

○ 把垫圈从模具里剥出来。

○ 将垫圈试着安装到真空室的顶部。

○ 将亚克力板放在真空室上。

○ 将弹性软管连接到真空室顶部和制动抽气泵上。

○ 通过将其抽至 10 英寸 / 汞柱并静置 10 分钟来测试真空室。

　　如果能保持压力 10 分钟，则项目顺利完成！如果不能承受压力，请参阅本章末尾的故障排除提示。该项目的示意图如图 9-2 所示。

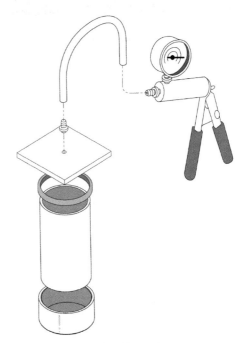

图 9-2　项目示意图

操作说明

打印并注塑 O 形垫圈

1. 收集并摆放好你所需的全部材料（见图 9-3）。

图 9-3 项目所需资料准备就绪

2. 使用第 6 章中介绍的标准打印设置来打印 O 形圈模具基座和盖子。请确保按

照图 9-4 所示的方向打印零件。

3. 通过测试两个打印件的配合情况，确保你的零件打印正确（见图 9-5）。

图 9-5 测试 O 形圈的装配情况

4. 在两个部件上喷一层脱模剂。

确保将瓶子与零件保持至少 12 英寸的距离。你的目标是喷上一层薄到肉眼看不到的外膜。如果脱模剂积聚到可以看

图 9-4 打印机设置

到零件表面有光泽的涂层的程度，那么过多的脱模剂会与浇注材料混合，这可能会出现难以固化等问题。

5. 量取 45 克 Smooth-On Ecoflex 00-50 A 号硅胶，如图 9-6 所示。

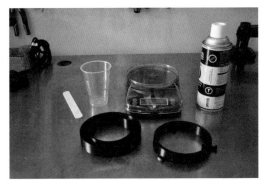

图 9-6　摆放全部的注塑材料（上图），
测量硅胶（下图）

6. 加入 45 克 Ecoflex 的 B 号硅胶，使总量达到 90 克，并以划 8 字动作彻底搅拌材料，确保所有材料都混合在一起。将搅拌棒沿着搅拌杯底部刮起，并尽量将隐藏在角落里的未混合的材料带到表面，并沿着容器的侧面刮动搅拌棒（见图 9-7）。

图 9-7　搅拌 Ecoflex 硅胶混合物

小贴士　完全搅拌混合大约需要 60 秒，如果你可以通过哼歌来记录时间，这个时长差不多是哼 4 遍《两只老虎》所需要的时间。

7. 将大约一半的混合材料倒入下半模具，从几英寸远的地方倾倒成一条细流（见图 9-8），尽量减少最后浇注时的气泡。

图 9-8　从几英寸远的地方倒出

本书中用于注塑项目的搅拌杯

我们发现了两种尺寸的量杯，很适合放在这个真空室里，并且适合称量你在整本书的项目中使用的硅胶的量：

300 毫升杯子

- 适合大多数注塑件尺寸
- 脱气时最多可容纳 100 克硅胶而不会起气泡
- 距离真空室顶部大约 100 毫米

500 毫升杯子

- 适合较大的模型
- 脱气时最多可容纳 250 克硅胶而不会起气泡
- 距离真空室顶部大约 60 毫米

两者都可以轻松装入真空室并从真空室中取出。

8. 慢慢地把模具的上半部分放在下半部分上方，然后用硅胶填充模具，直到它达到模具的边缘（见图 9-9）。

图 9-9　模具的上半部分就位

9. 在模具上放一小块重物（如一卷胶带），等待至少 3 个小时使其固化（见图 9-10）。你可以利用这段时间来完成这个项目的其他部分，这样当硅胶被固化后，你就可以一次性完成整个真空室。

图 9-10　将重物放在模具上

准备 PVC 管

1. 采购大约 8 英寸长，直径为 4 英寸的 PVC 管。如果你是从 Home Depot 或类似商店购买的干净的末端预切整齐的管子，请继续执行下一步。否则，你需要购买更长的一段，然后在家中自行切短。如果边缘粗糙，请使用锉刀清理边缘。不能有任何参差不齐的边缘或碎屑挂在周围，以免破坏胶接点或最终落入注塑件中。

2. 选择 PVC 管最干净的一端，用箭头标记。一旦真空室制作完毕，这一面将朝上。如果你能实现的最佳切割效果仍然

很不均匀，请用圆形或半圆形锉刀将其磨平。这样可以节省大量时间。

3. 在粗剪之前，将待剪裁部分放在一个组合直角尺上，然后拿着一个记号笔沿着 PVC 最大高度的地方来找准剪裁位置。对着马克笔旋转 PVC 管一圈，以获得干净、均匀的线条（见图 9-11）。

图 9-11　精确切割 PVC 管

4. 将 PVC 管夹在长凳上，以进行整齐的切割。使用钢锯或日本锯，沿着你刚画的线切割，小心地慢慢来，并尽可能做到均匀地切割（见图 9-12）。

图 9-12　用锯子锯开 PVC 管

便在打磨时可以区分它们（见图 9-13）。

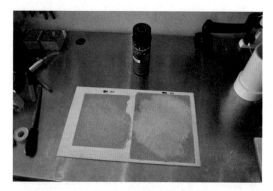

图 9-13　制作一个平坦的砂纸平面

5. 用喷涂胶将一块 60 目的砂纸和一张 120 目的砂纸并排粘贴在平板上（如胶合板或塑料板）。将你的砂纸粗糙面朝下放在一些报纸上，然后在其背面喷涂一层薄薄的喷涂胶。

报纸应该比砂纸边缘宽出几英尺，因为喷涂胶非常黏，会覆盖在你想要的区域之外的一大片地方。

6. 等待 3 分钟，让喷涂胶流平，然后把你的砂纸粘在板子上，记得写下砂纸型号，以

> **小贴士**　这种砂纸板可用来磨平打印件、模型和塑料注塑件的底部。你可以用吸尘器把砂纸清理干净，然后用一块大的橡皮擦拭（通常这种橡皮擦被称为"砂纸清洁剂"）。如果你希望获得更平整的表面，可以将砂纸附着在厚玻璃板上。因为平板玻璃的制造采用了一种技术（包括将熔化的玻璃漂浮在熔化的锡池上使其凝固成形），这种技术使平板的表面非常平坦，所以平板的两面会非常平行。

7. 将 PVC 管的标记端用 60 目砂纸打磨
   （小心保持管子垂直），直到它变得非常
   平整。以较小的圆弧形运动打磨，以
   帮助加快加工过程并防止零件意外倾斜
   （见图 9-14）。

图 9-14　用砂纸打磨 PVC 管的边缘

8. 一旦 PVC 管边缘变得平整，请切换使用
   120 目砂纸，使其更加平滑（见图 9-15）。

9. 为检测该过程是否顺利完成，请将打磨
   过的一端平放在桌子上，然后查看切口
   和桌子之间的接缝。如果你的桌子和
   PVC 管非常平整，光线就不会从缝隙
   中泄漏出来（见图 9-16）。

图 9-15　打磨后平滑的边缘

图 9-16　在工作台上检测 PVC 管的边缘

10. 如图 9-17 所示，轻轻地锉或打磨管
    子端面的外缘，使边缘不那么锋利。
    在机械工程师的术语中，这种操作称
    为"打磨边缘"。

11. 用纸巾彻底清理 PVC 管和端盖。

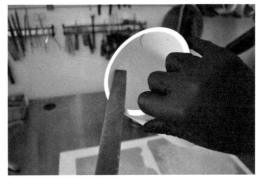

图 9-17　打磨 PVC 的边缘

制作真空室端盖

1. 标记亚克力板的中心，方法是将一把直尺对准板子的一条对角线，并在中心画一条线。在另外一对对角上重复此操作，做出一个 X。将保护性塑料膜先留在亚克力板上，直到将倒钩接头固定到板中再去掉（见图 9-18）。

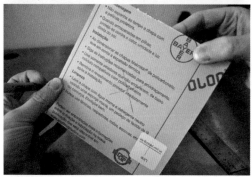

图 9-18　在亚克力板的背面做标记

2. 用一个中心冲头在 X 的中心冲一个小凹孔（见图 9-19）。

图 9-19　在 X 标记处使用中心冲头打凹孔

3. 在打孔标记处钻一个 25/64 英寸的孔（见图 9-20）。当你钻孔时，尽量使钻头与板子垂直。将板子固定在牺牲板上，然后再使用 C 形夹将它们固定在一个废弃的硬板上，或者将板材固定在台虎钳中，这样当钻头穿过时，板材就不会旋转。

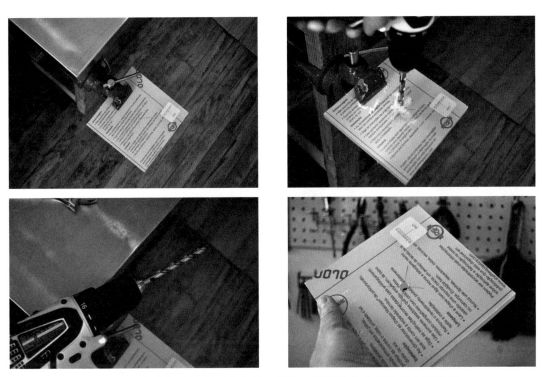

图 9-20　在你打孔的凹痕中心钻一个孔，要确保钻头与亚克力板垂直

4. 检查倒钩接头在孔中的配合情况（见图 9-21）。在你开始将它旋入钻孔之前，它应该先滑进去一部分。

图 9-21　检查钻孔中的倒钩接头

5. 在 NPT 转倒钩接头的螺纹端缠上两层特氟龙胶带（见图 9-22）。

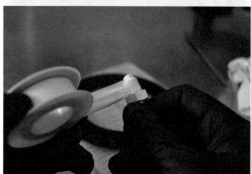

图 9-22　缠绕倒钩接头

6. 用手将 NPT 转倒钩接头拧入孔中，直到开始黏结（见图 9-23）。

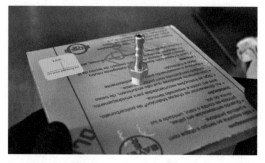

图 9-23　拧紧倒钩接头

7. 使用月牙扳手将 NPT 转倒钩接头装入孔内更深的位置，直到它至少穿过孔的一半，变得难以旋转（见图 9-24）。

图 9-24　用月牙扳手拧紧倒钩接头

8. 插入倒钩接头后，请去除亚克力板两面的保护膜。

制作真空腔体

1. 标记PVC端盖底部在管子上的位置（见图9-25）。

图9-25　标记管子插入端盖中的最大深度

2. 准备用PVC底漆黏合管材部分。制作一个底漆环，从你标记的管道末端一直环绕管道外部，还要用底漆涂抹端盖的内壁（见图9-26）。

图9-26　一定要把管子完全涂抹至你之前画线的所有范围

3. 如图 9-27 所示，将 PVC 胶水涂在与底漆相同的区域（管子的外壁和端盖的内壁）。

图 9-27　再涂抹 PVC 胶水

4. 将管子向下压到端盖上，然后将一个重物压在上面，从而将两个部分快速连接在一起（见图 9-28）。

图 9-28　将管子和端盖压在一起

5. 在继续安装或移动组件之前，让组件静置至少 5 分钟。

脱模 O 形环垫圈

如果你在硅胶固化过程中一直在进行组装，那么硅胶现在应该已经很容易脱模了。通常，Ecoflex 00-50 在室温（72华氏度 /23 摄氏度）下需要 3 个小时才能固化。如果你的工作间温度低于此温度，则该过程将花费更长时间，而如果你的工作间温度更高，则该过程会更快。

1. 用螺丝刀或其他钝金属工具戳动材料来测试固化效果。如果固化后的橡胶完全回弹，并且你无法看出工具压入的位置，则表明材料已完全固化（见图 9-29）。

图 9-29　固化后的垫圈

2. 首先撬开模具的顶部，拆卸注塑件。如果这个零件很难拆卸，或者你感觉硅胶在弹出之前就要破裂，请使用螺丝刀或搅拌棒将注塑件的边缘剥落，以使空气进入，从而破坏橡胶上的真空密封。一旦顶部脱落，应该很容易将垫圈从模具上剥离。

3. 将注塑件放置在管子光滑的顶部，凹面放在上面，用手指在顶部按压，直到与管子表面平齐（见图 9-30）。

图 9-30　PVC 真空腔体顶部的垫圈

注意　这种柔软的垫圈确实很容易在真空室产生良好的密封效果，而且无须向下按压顶部，但是它也容易被撕裂。确保用砂纸或锉刀打磨光滑管子的边缘，直到当你用手指在外圈或内圈上滑动时，手指不会感到刺痛。

总装配

现在是时候把所有的部件装配在一起并测试结果了。用 1/4 英寸内径 PVC 软管将真空泵连接到倒钩接头。将亚克力板放在垫圈顶部，通过反复挤压泵来抽真空。直到压力表读数为 10 英寸 / 汞柱，然后停止抽气。在该压力下将真空室放置 10 分钟，然后再次检查压力表。如果返回时读数仍为 10 英寸 / 汞柱，则说明真空室正常工作（见图 9-31）。

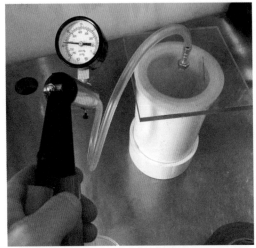

图 9-31　完成的真空室

故障排除

如果你的真空室无法保持压力，可以采取一些措施来解决这个问题。

首先要尝试的是使用喷雾器检查泄漏。

1. 在喷雾瓶中加入一些水和几滴洗洁精。

2. 组装你的真空室。

3. 使用制动抽气泵将空气抽出真空室。

4. 将洗洁精水喷洒在真空室上，集中在倒钩接头和亚克力板之间的接缝处，垫圈与板子之间的接缝处，以及端盖与 PVC 管之间的接缝处。

   如果有泄漏，真空室内部会出现泡沫。

5. 注意泡沫是从什么位置冒出来的，并解决这个问题。

如果你的注塑垫圈上有很多大孔，则在尝试抽出空气时，空气可能会通过它们进入真空室。解决方法就是重新浇注垫圈，确保使用高而细的倾倒方式让气泡破裂，并从一个位置倒入以防止硅胶自身折叠又造成更多气泡。

如果你的垫圈是密封的，则可能是管子与端盖之间的密封问题。冲洗掉真空室中的洗洁精水，让它干燥。在整个接缝处涂上一圈强力胶，放置 1 小时。

如果亚克力板和 NPT 接头之间存在密封问题，那么用月牙扳手将其进一步拧紧，直到与板材表面平齐。

第 10 章

米其林小人——一个
简易的气动弯曲执行器

Tecticornia bibenda 是一种 2007 年新分类出来的独特多肉植物（见图 10-1）。它原产于西澳大利亚州，并被公认为是一种值得特别保护与继续研究的植物。它分段的茎干经常被拿来与米其林小人进行比较。这种植物从单个瘤状体膨胀出分段球根的形状，本章的项目"米其林小人"执行器就与这种植物类似，它从植物的活动中获得了生物灵感——植物通过对流体的操纵实现运动，而大多数动物则利用肌肉收缩运动。通常，植物的液压运动是通过在组织层面对流体（主要是水）的调节实现的。例如，为了转向太阳，植物通过水的不同分布使其弯曲，即植物弯曲部分内部含水量较少，而外部则较多。

我们在本章中制作的气动弯曲执行器没有特定的功能，但是它准确地演示了如何用最少数量的简单零件创建复杂的系统。它也可以作为机器人中硅胶注塑的学习案例。你可以在一个阳光明媚的午后注塑这个"米其林小人"执行器，其大小和形状使气泡很容易逸出到顶部，从而获得干净的注塑

图 10-1 自然栖息地中的"米其林小人"植物
图片来源：西澳大利亚植物标本室，生物多样性及保护与景点部门（https://florabase.dpaw.wa.gov.au/help/copyright），访问于 2018 年 6 月 1 日星期五

件。它的另一个特点是脱模非常容易。这个制作过程可以作为前期的动手实践，为你完成本书后续更复杂的项目做准备。流体的动力来自手动泵。我们之所以选择它是因为其简单性和对微小泄漏的耐受性。但你可以将手动泵的塑胶球换成装满水的巨型注射器，以直接实现"米其林小人"执行器的液压运动，也可以将该项目连接到第 14 章的气源以进行定量控制。

这种设计突出了使用织物改变执行器的弹性量的能力。通过将织物嵌入硅胶以限制其拉伸，我们划分出了允许和限制的膨胀区域。你可以在同样应用于 RBO Hand 的 PneuFlex 执行器中看到这一原理。其中膨胀受限的区域称为"被动层"，含有嵌入式多孔织物。哈佛大学怀特塞德斯研究小组（Whitesides Research Group）研发的 PneuNet 执行器利用了所谓的"微分应变"（differential strain）效应。它可以通过使用纸张层来提高刚性，从而实现诸如弯曲和扭曲之类的运动。利用类似的原理，宾夕法尼亚大学和康奈尔大学合作制作出类似于章鱼的皮肤。它通过加入纤维网状环来实现多维的动态运动。

项目:
制作"米其林小人"执行器

3D 打印组件

"米其林小人"执行器型芯

设备

电子秤

真空室(制作说明,请参阅第 9 章)

标准式切管机(旋转式)或钢锯

塑料刻刀或重型美工刀

剪刀

(可选)指甲剪

标尺(需要同时显示英寸和毫米)

气动手泵(制作说明,请参阅第 11 章)

手工缝纫针

(可选)钳子

硬件

60 目和 120 目的砂纸

缝纫线

原材料

苯乙烯塑料片或辛特拉 PVC 片(至少 2 英寸 ×2 英寸和 1/16 英寸厚)

1 英寸内径 SCH-40 PVC 管(至少 5 英寸长)

消耗品

Smooth-On Ecoflex 00-50(2 加仑⊖套件)(此项目需要使用 50 克硅胶。如果你打算自己做这个项目,可以购买 2 品脱⊜的 Ecoflex 00-50 套件。)

100% Derma Sciences 棉 5/8 英寸 Surgitube 管状织物

PVC 胶水

PVC 表面处理剂(PVC 底漆)

搅拌杯

丁腈手套

工艺棒

美纹纸胶带

⊖ 加仑,容积单位,又分为英制加仑和美制加仑,二者表示的大小不一样。根据中国国家标准,美制 1 加仑 ≈ 3.79 升,英制 1 加仑 ≈ 4.55 升。——编辑注

⊜ 品脱,容积单位,主要于英国、美国、爱尔兰使用,不同地区有不同的换算方式。——编辑注

Mann Ease Release 200 脱模剂

异丙醇

纸巾

束线带

Sil-Poxy 黏合剂

工艺刷

Sharpie 马克笔

（可选）肥皂水

制造纲要

- 3D 打印时间：1 小时。
- 加工时间：1 小时 10 分钟。
- 注塑时间：搅拌 15 分钟，固化 3 小时。
- 总时间：5 小时 40 分钟（操作时间 1 小时 25 分钟）。
- ○ 3D 打印模具型芯（大约需要 1 小时）。
- ○ 准备外模（20 分钟）。
  - ○ 使用 Sharpie 马克笔在 PVC 管的 70 毫米的位置标记一条切割线。
  - ○ 使用切管机或钢锯以 90 度角切割 PVC 管。
  - ○ 刻划并折下一个 2 英寸长的苯乙烯方块。
  - ○ 打磨 PVC 管的切割边缘。首先使

用 60 目的砂纸，然后使用 120 目的砂纸，直到它变得平整光滑。
- ○ 打磨或锉掉 PVC 管端和苯乙烯方块的内、外边缘，使它们变得不锋利。
- ○ 将 PVC 管放在苯乙烯方块上的中心并标记该位置。
- ○ 使用 PVC 底漆，涂抹 PVC 管的一端。
- ○ 用底漆在苯乙烯方块上标记圆圈。
- ○ 将 PVC 胶水涂在之前涂底漆的相同位置。
- ○ 将管子压到苯乙烯方片上并加压。
- ○ 将这些部件静置至少 5 分钟。
- ○ 测试模芯匹配程度。如果匹配，那么当你将型芯翻转并一起倒置时，型芯应保持重合。
- ○ 如果需要，请添加胶带。
- ○ 准备弹力织物并将其附着到模具上（15 分钟）。
- ○ 切一段 85 毫米长的管状绷带。
- ○ 选择管状绷带的一端预留 5 毫米并缝合。
- ○ 在距缝合处 15 毫米、30 毫米和 45 毫米的位置各剪出一半长度的口子。
- ○ 将管状绷带一端与型芯支脚一起缝住。

○ 确保准备好所有硬件、消耗品、部件和设备。

○ 注塑夹持器夹指（操作 15 分钟，静置 3 小时）。

　　○ 用 Mann Ease Release 脱模剂喷涂 PVC 模具内部。

　　○ 量取 25 克 Ecoflex 00-50 A 部分胶和 B 部分胶分别放入杯中。

　　○ 混合搅拌硅胶 60 秒。

　　○ 在织物上涂硅胶。

　　○ 将混合的硅胶和织物 / 芯材抽真空 5 分钟。

　　○ 组装模具。

　　○ 将硅胶倒入模具中（保留混合杯以留意硅胶固化程度）。

　　○ 将模具抽真空 5 分钟。

　　○ 由于气泡被抽出，模具中的硅胶可能会减少，需要用硅胶继续将模具填满。

　　○ 让模具至少固化 3 个小时，或者可以将其放置一整夜。

○ 脱模（10 分钟）。

　　○ 将成品从模具中取出。

　　○ 修剪掉边沿多余的硅胶。

○ 完成最终组装（10 分钟）。

○ 用束线带将夹指固定在橡胶球组件上。

○ 用手动泵测试完成的"米其林小人"执行器。

○ 成功完成！该项目的示意图如图 10-2 所示。

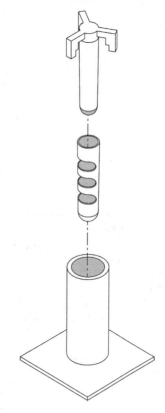

图 10-2　项目示意图

操作说明

3D 打印模具型芯

开始该项目之前,请首先参照第 6 章中的指南 3D 打印"米其林小人"执行器的模具型芯。确保打印零件的方向如图 10-3 所示。

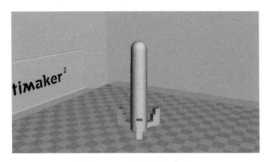

图 10-3　3D 打印方向

准备外层模具

1. 收集并布置所有材料(见图 10-4)。

图 10-4　你需准备就绪的项目材料

2. 采购一根 5 英寸长,内径为 1 英寸的 SCH-40 PVC 管。

3. 使用 Sharpie 马克笔在 PVC 管 70 毫米部分标记切割线。

4. 使用切管机或钢锯垂直切割 PVC 管(见图 10-5),请小心并放慢速度,尽可能均匀切割。

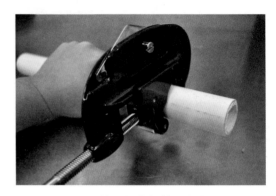

图 10-5　使用标准切管器切割 PVC

5. 用塑料刻刀或重型美工刀刻划并折下大约 2 英寸长的苯乙烯方片(见图 10-6)。你可以靠近标尺一侧刻划以获得更干净的线条,但这不是必要的。

图 10-6　用塑料刻刀切割苯乙烯方片

6. 将一张 60 目的砂纸和一张 120 目的砂纸放在平坦的表面上（例如桌子或长凳上）。如果你保存了第 9 章制作真空室项目时的砂纸板，那么可以再次利用它。

7. 用 60 目的砂纸打磨 PVC 管的末端（确保将管笔直地立起来），直到接口面非常平坦。以较小的圆周运动打磨加快加工速度，并防止零件出现意外的斜角。一旦 PVC 边缘打磨平整，请切换到 120 目的砂纸以使其更加平滑（见图 10-7）。

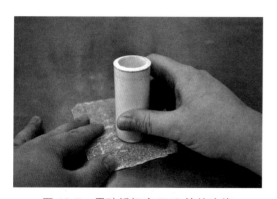

图 10-7   用砂纸打磨 PVC 管的边缘

将打磨的一端平放在桌子上并查看切口和桌子之间的缝隙。如果你的桌子和 PVC 都非常平整且不透光时，就可以结束该过程。

8. 将切好的 PVC 管放在刚切下的 2 英寸苯乙烯方片上居中，并用铅笔标记圆圈（见图 10-8）。

9. 在管子的一端以及你刚标记的圆圈周围的区域涂抹 PVC 底漆。

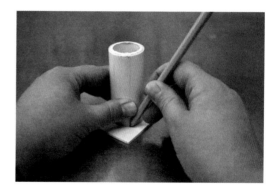

图 10-8   标记 PVC 管在苯乙烯方片上的位置

> **注意** 请在通风良好的地方（如敞开门的车库）进行此操作，因为 PVC 底漆和胶水产生的烟雾有毒。

10. 在涂底漆的相同区域上涂 PVC 胶水（管的末端和底座上标记的圆圈）。

11. 将管子向下压在苯乙烯方片上，将两个部分快速连接在一起并对其施加压力（见图 10-9）。

图 10-9   将 PVC 胶水涂抹在两个部分并连接在一起

12. 在移动该组件之前，请至少静置 5 分钟。

13. 将 3D 打印型芯放入 PVC 模具中，测试其是否匹配。三个支脚应紧密贴合在管道周围。当你握住 PVC 模具并将其全部倒置，3D 打印的型芯应保持在原位。如果打印件尺寸缩小，你可能需要稍微弯曲支脚以将其楔入到位。如果你的打印件太大而无法保持住，请添加胶带固定（电工胶、密封胶或透明胶都可以），直到其通过匹配性测试为止。

紧密匹配是为了确保型芯在浇注和固化过程中不会漂浮（见图 10-10）。

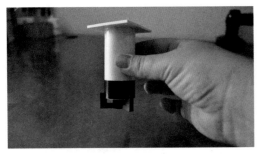

图 10-10　倒置时，型芯应保持在原位

准备弹力织物

1. 切下 85 毫米长 100％ 棉的 5/8 英寸 Surgitube 管状织物。使用全棉织物很重要，因为任何乳胶混纺的织物都会阻止硅胶固化，并导致其黏稠、混乱。你

可以在第 8 章"固化抑制"小节中更详细地了解这种现象。

2. 用大约 20 英寸长的线穿过缝纫针，然后对折，使其两端对齐。

3. 在末端约 3 英寸的地方打结。

4. 从织物边缘向上 5 毫米处，围绕管状织物缝制。使用连续针迹缝制（针迹交替在织物中上下移动，看起来像是虚线）。

5. 收紧线的末端以将织物聚集成一个紧密的圈。

6. 将线头绑在一起，打一个结（见图 10-11）。

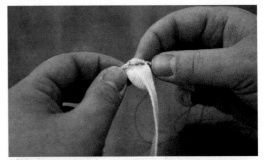

图 10-11　缝合管状织物的一端，系紧并打结

在接下来的几个步骤中，操作时尽量不要握住织物，因为宽松的织物很容易散开。

7. 在距你收紧的针迹线 15 毫米的位置标记一条线，线条长度为管状织物宽度的一半。然后依次在距离 15 毫米的位置标记第二条和第三条线（见图 10-12）。

图 10-12　在管状织物上标记切割线

8. 将管状织物放平，用剪刀裁剪标记的线，使开口长度为管状织物宽度的一半（见图 10-13）。

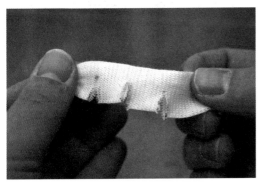

图 10-13　剪切开口达到管状织物的一半

9. 将 3D 打印的模具型芯插入管状织物。参照图 10-14 用针和线在织物边缘和型芯三个支脚周围各绕一圈。该步骤可将织物固定在型芯上，并防止在注塑过程中织物滑入模具中。

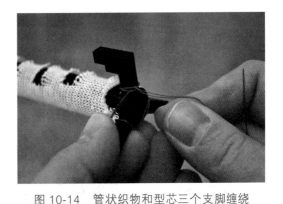

图 10-14　管状织物和型芯三个支脚缠绕

如果你的织物和型芯组合制作结果与图 10-15 所示不一样，你需要重新制作该零件。因为此零件的稳定性和尺寸将决定着执行器的运动。

图 10-15　完成管状织物的准备

浇注"米其林小人"执行器的关节

1. 在 PVC 管模具内喷涂一小层脱模剂。确保将喷瓶与零件保持至少 12 英寸的距离。薄薄喷涂一层,薄到肉眼看不到的程度(见图 10-16)。如果喷涂的脱模剂积聚到可以在零件表面上看到光泽,那么脱模剂将与注塑材料混合而影响固化。

图 10-16　用 Mann Ease Release 脱模剂喷涂外模

注意　在继续操作之前,请参阅第 8 章以获取更多的硅胶注塑技巧。

2. 如图 10-17 所示,量取 25 克 Smooth-On Ecoflex 00-50 硅胶 A 部分。去皮称重,然后将 25 克 Ecoflex 的 B 部分加入同一杯中(见图 10-17)。

3. 以画数字 8 的方式将物料彻底搅拌约 60 秒钟,以确保所有物料混合在一起。

4. 将搅拌棒沿着搅拌杯的底部滑动,以使隐藏在角落的所有未搅拌的物料向上浮到表面。搅拌棒沿着容器的侧面滑动搅拌。

图 10-17　按 25 克的重量测量你的 Ecoflex 00-50 的 A、B 部分硅胶

5. 用搅拌棒在管状织物上涂上 Ecoflex 混合物。涂在织物上时,你会看到颜色发生变化。继续涂覆,直到整个织物都覆盖满为止(见图 10-18)。

图 10-18　对织物进行涂层

6. 将带有涂层织物的型芯放入搅拌杯中，并对其进行真空抽气5分钟，使其真空度接近25英寸/汞柱（见图10-19）。

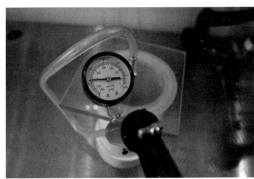

图 10-19　模具型芯放入杯中，然后在真空室中去除气泡

7. 从真空室中取出杯子和织物覆盖的模具型芯。用搅拌棒调整涂层织物，使其整齐地排列在型芯上。检查以确保织物末端没有滑落，织物上三个开口会明显变大并且三个缝隙之间距离应该均匀（见图10-20）。

图 10-20　调整织物开口的位置

8. 将模具型芯插入PVC模具中的适当位置（见图10-21）。

9. 从模具部件之间的三个间隙中，选两个间隙将Ecoflex倒入。

通过仅从两个间隙中倒入，可以减少产生大气泡的风险，并且你也可以清楚地检查模具是否充满。使Ecoflex形成高而细的流注，直到模具充满（见图10-22）。

图 10-21 将型芯插入 PVC 模具

图 10-22 将 Ecoflex 倒入模具中

10. 真空脱气除气泡 5 分钟。

11. 如果你的工作速度足够快，以至于搅拌杯中的混合物仍为液态，则可以填满剩余空间直到模具顶部。

现在就等你的硅胶完全固化并准备脱模了。保存你的搅拌杯，查看搅拌杯固化情况，以作为零件固化完成和零件准备脱模的参考。

"米其林小人"执行器的脱模

正常情况下，Ecoflex 00-50 在室温（72 华氏度 /23 摄氏度）下需要 3 个小时才能固化。如果你的工作间温度低于此温度，则该过程将花费更长的时间，而如果你的工作间温度更高，则该过程会更快。

1. 用螺丝刀或其他钝金属工具戳材料，测试其是否固化。如果固化的硅胶完全弹回，并且你看不出工具压入材料的标记，则表明材料已完全固化。

2. 保持 3D 打印的型芯不动，扭转外部的模具零件，取下注塑件。一边继续旋转，一边轻轻向上拉出。使用此方法，你就能完全将材料从 PVC 管上脱模（见图 10-23）。如果它卡住了，你可以转换策略，先移除打印型芯。

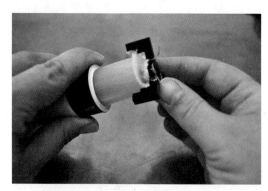

图 10-23 边拉动边扭转 PVC 模具

3. 先用指甲剪剪断固定线，卸下内芯。慢慢推压型芯周围的硅胶，同时将其拔出。如果需要进一步的松动，你也可以旋转零件。你也可以在拉动的同时将硅胶的边缘向中心空间稍微推一下，以将其从 PVC 模具中取出。

4. 用剪刀修剪边沿飞边、洒落在模具顶部的硅胶薄膜以及织物的边缘，以使执行器的表面更清洁（见图 10-24）。

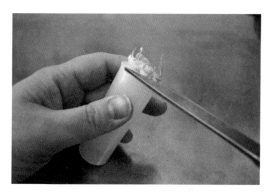

图 10-24　用剪刀修剪多余的织物以及飞边

总装配

现在是时候将所有内容装配在一起并进行测试了。

1. 为了安装橡胶球，请将带有鲁尔接头的管子插入硅胶注塑件的中心，然后用一条束线带将其固定到位（见图 10-25）。

你可能需要钳子才能足够牢固地系紧气密密封件。固定鲁尔接头时需要防止管子滑出。你可以通过用力拖动气管进行测试，然后根据需要进一步拧紧。但是，请勿过度拧紧！如果束线带太紧，则可能直接切断硅胶。

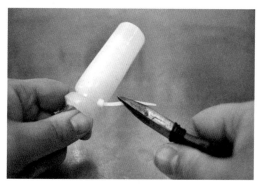

图 10-25　在执行器和管子连接处固定一条束线带

2. 第一次充气时，你将需要分别预拉伸执行器的每个充气凸起。要温柔！累积太多气压很容易使执行器过度充气和弹出。进行预拉伸时，请将执行器握在拳头中，一次仅露出一个充气段。中间部分很难单独完成，可能需要你在两端用两个拳头固定，并且仍然要手动打气（见图 10-26）。如果在没有预拉伸的情况下对整个执行器进行充气，则气压会造成其不均匀变形，并且执行器可能会永远偏斜。

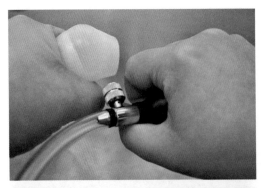

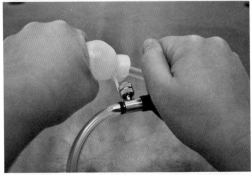

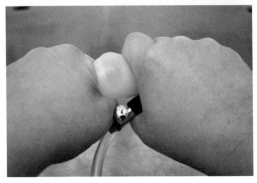

图 10-26　预拉伸每个充气部分

疲劳：硅胶疲劳状态

硅胶膨胀会使它容易磨损和疲劳，并且在过度拉伸时造成长久性损伤。疲劳（fatigue）是由于反复施加和释放负载而导致的材料脆化。在巨大压力作用下，硅胶开始形成微裂缝（见图 10-27）。随着时间的流逝，这些微裂缝的积累会导致永久性变形或破坏。高温、恶劣的环境、氧化和时间也会导致弹性疲劳。你可能已经从操作旧橡皮筋的经验中知道了这类弹性体的降解现象。

图 10-27　在 10 倍放大倍率下，Exoflex 00-50 硅胶的微裂缝

在某些情况下，我们可以通过对设计中的常规部分进行预加应力来控制其机械效果，使这些部分在正常使用时不会膨胀。这有助于平整执行器整个长度上的弯曲。为了使执行器保持良好状态，最好将最大拉伸保持在最小！

现在，你所有的元件均已展开，你可以将软体机器人整体充气膨胀。如果你开始发现膨胀不均，请后退一步，对膨胀较小的那一部分进行更多的预拉伸。达到平衡后，你就可以得到正常工作的硅胶软体执行器！

在图 10-28 中，你可以看到变形产生的方向与嵌入的织物位置有关。

当你已经按照以上步骤完成了本项目，你还可以尝试更改这些切口的排列以形成不同的运动方向。你也可以用装满水的巨型注射器代替橡胶球，对其气动性能与液压性能进行比较，或者将"米其林小人"执行器连接到第 14 章的气动电源上，以进行定量控制。此处完成的"米其林小人"执行器如图 10-29 所示。

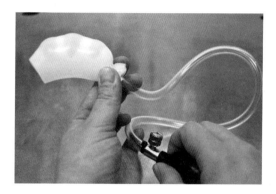

图 10-29　完成的"米其林小人"执行器

故障排除

如果你的"米其林小人"执行器无法承受压力，这里有一些思路可以帮助你解决问题。

- 将水倒入足够深的杯子中，以覆盖"米其林小人"执行器。然后将其浸入水中并充气。冒气泡的地方就是有泄漏的位置。请注意气泡位置并解决问题。

- 如果气体是从管道的连接处泄漏的，请调整鲁尔接头在内部的位置，然后系紧扎带，锁定其位置。

- 如果漏气发生在执行器中间的某个地方，请将手动泵和管子拆卸下来，并彻底干燥零件。使用 Sil-Poxy 黏合剂和工艺刷从内部将孔密封。这会降低补丁在充气过程中脱落的风险。重新组装并重新测试。

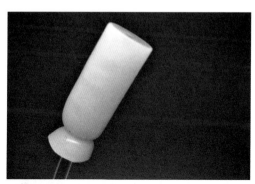

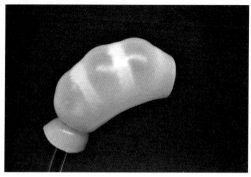

图 10-28　变形方向

第 11 章

手动气泵——软体机器人原型工具

尽管"软体机器人"中的"机器人"部分从某种程度上暗示了它与计算机和自动化控制技术紧密相关，但要想开发出一个实用的软体机器人，很大程度上还是依赖正确的机械原理。在我们有更强大的工具来设计和仿真软体机制之前，物理原型仍然是研究软体机器人行为的最佳方式。我们发现，用手动的方式驱动一个机构可以让我们快速获得这个机构的行为反馈。我们从这些快速测试中获取的信息可以得知应该如何进一步地改进机构的设计，而不必把时间花在编程上。

在本章的项目中你将制作的手动泵是一种简单而便宜的工具，它能够为软体机器人提供动力（见图 11-1）。它的核心部分是一个血压计空气泵——就是你在袖套型血压计上看到的那种。袖套型血压计

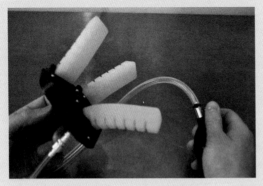 

图 11-1　用手动泵驱动一个夹爪

很容易找到，在 eBay 网上花几美元就能买到。这种机构通过一个单向阀门，让空气进入球状气囊。另一端是放气阀。当你关闭放气阀时，空气泵是气密的，当你挤压空气泵时，空气直接通过阀门。当你打开阀门时，一股气流便从系统中漏出。这样你便能自由控制气流离开机器人的速度。该项目的示意图如图 11-2 所示。

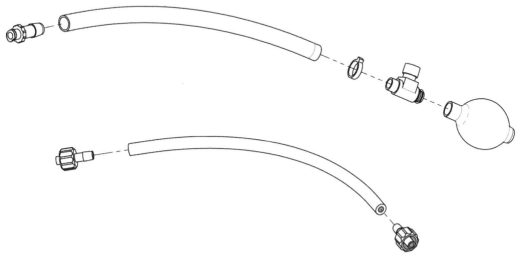

图 11-2　项目示意图

项目：
制作手动气泵

材料

血压计空气泵（可以在网上搜索，东西不一样可能价格不同，但可能买一个便宜的血压计然后把空气泵拆下来用这样更划算）

1 英尺长内径为 1/4 英寸弯管（McMaster-Carr #5233K56 号零件）

6 英寸长内径为 1/8 英寸弯管（McMaster-Carr #5233K52 号零件）

小束线带

1/4 英寸倒钩转鲁尔（公）接头

（Cole-Parmer #AO-45505-19 号零件，McMaster-Carr Part #51525K126 号零件）

2 个 1/8 英寸倒钩转鲁尔（母）接头（Cole-Parmer P #AO-45502-04 号零件，McMaster Carr Part #51525K123 号零件）

工具

钳子和金属剪线钳，束线枪
剪刀

操作说明

1. 收集所需的材料（见图 11-3）。
2. 用剪刀把弯管剪到一定长度。最好使用带有小锯齿的剪刀，比如厨房剪刀或绷带剪，这样剪起来更容易，但也不是必须用这类剪刀，只要是结实的剪刀都可以。

图 11-3　摆放好所有材料

3. 将鲁尔接头插进管子（见图 11-4 ）。

图 11-4　将鲁尔接头插入弯管

这一步很简单，把两个 1/8 英寸的倒钩转鲁尔接头配件插入 1/8 英寸管的两端，然后把 1/4 英寸的倒钩转鲁尔接头配件插入 1/4 英寸管的一端。

4. 把空气泵连接到管子上。将 1/4 英寸弯管开口的那一端连接到血压计空气泵。连接方式应该是紧配合，但空气泵的末端长度有点短，所以你需要用一个束线带加固一下（见图 11-5 ）。

5. 在把空气泵压入管子后，如果有束线枪的话，你可以用它简单地把束线带绑住的空气泵的倒钩端固定得牢固一点。如果没有束线枪（其实你值得拥有，因为很便宜而且很实用），也可以用一把钳子把束线带拉紧，然后用金属剪线钳把多余的一端剪掉。

图 11-5　把空气泵绑牢固

6. 现在你需要把两段管子连在一起。将
 1/4 英寸管子的鲁尔接头端与 1/8 英寸
 弯管的任意一头相连接。

 这样这个很重要的工具就做成了，它可
 以用来驱动本书中大部分的机器人（见
 图 11-6 ）。

注意 你可能会好奇为什么这个手动泵会有两段管道。因为我们发现通过使用鲁尔接头，无论是公头或者母头，这个手动泵能够轻易地为任何东西充气。所以这样设置可以让这个手动泵方便地适用于任意一种情况。

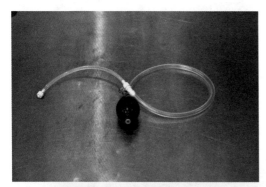
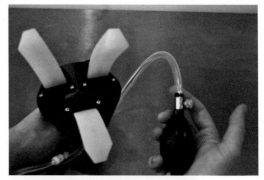

图 11-6　使用制作好的手动泵

第 12 章

四照花传感器——
软体液压传感器

对于任何一个软体机器人工程师来说，通过混合刚性和柔性部件来设计机器人的机械结构是一项必备的技能。在本章中你将制作的柔性传感器使用集成的液压管将压力从受力区域传递到电子传感器。这种传感器的设计还具有磁力连接的特点，我们可以将这些传感器链接起来，组成乐器或者其他计算机接口的各种设备。

以四照花的原型为灵感设计出的四照花传感器，是由一个尖头端的球囊、传感器端的球囊，以及连接它们的管道组成。这种机构的工作原理是利用液压方式将挤压尖头端球囊的力传递给传感器端的力敏电阻（见图 12-1）。这条管道本身很薄，这可以防止它在压力下变形。但四照花传感器正上方的井孔里充满有大量的液体和少量的硅胶来使其固定而不变形。换句话说，液体流动的压力会推动管线并使井孔变形，这种变形将被传感器读数表达为压力的变化值。

图 12-1　组装好的四照花传感器将触摸压力
映射为 LED 灯的亮度

科学小围栏：力敏电阻

力敏电阻（Force-Sensitive Resistor, FSR）是产生模拟压力数据的最简单的电子器件。尽管力敏电阻的形式有很多，但它们都是由两个电极组成的，电极之间由柔性电阻材料隔开。当电阻材料被压缩时，要么它会变小，使两个电极之间的距离缩短，要么它将以一种使其结构变得更有规则的方式被压缩，使能量在电极之间更自由地流动。无论哪种情况，随着压力的增大，阻值都会减小。

在这个项目中使用的力敏电阻是 1/4 英寸的 Interlink 力敏电阻。这种型号的设计特点是有两个导电迹线，在传感器的圆形、活动的部分，它们非常靠近，但不接触。这种形状有时称为叉指状（就像你双手合十，指关节对齐时手指的形状），确保了导电迹线正上方的柔性电阻材料具有足够大的可接触面积。

当你把万用表的表笔触到弹簧的任一端，观察拉伸和压缩弹簧时电阻值的变化，就可以通过观察数值的变化理解力敏电阻的原理。

你可以从 Open Music Labs 实验室这篇文章中获得关于 FSR 更加详尽而全面的解释：openmusiclabs.com/learning/sensors/fsr/。

项目：
制作四照花传感器

打印好的四照花模具部件

模具：左基座

模具：右基座

模具：外壳

模具：型芯

打印好的壳体部件

壳体顶盖

壳体外盖

设备

磁性罗盘

黑色记号笔

真空室（参见第 9 章，了解如何建造自己的真空室）

弹簧夹（可选）

Arduino 开源电路板

面包板

热风枪或打火机

2 个 C 型环（至少有 4 英寸开口）

指甲剪

T10 梅花螺丝刀（McMaster-Carr #5756A14 号零件）

硬件

3 根橡皮筋

2 个 8 毫米 M3 塑料用螺纹成形螺钉（McMaster-Carr #96817A908 号零件）

直径 10 毫米，厚度 2 毫米的钕质圆盘磁铁

消耗品

Smooth-On Ecoflex 00-50 号硅胶（2 加仑装）（本项目将使用 100g 硅胶）

水

1/16 英寸钝头注射器

过氧化氢

Sil-Poxy 黏合剂

工艺刷

混合杯

丁腈手套

工艺棒

铝箔胶带

卡片纸

Mann Ease Release 脱模剂

异丙醇

纸巾

1/8 和 1/4 英寸热缩管

跳线

红色和黑色 24 gauge①实心电线

LED 灯

力敏电阻（SparkFun # SEN-09673 号零件）

1 千欧电阻

10 千欧电阻

制造纲要

- 打印时间：15 小时（30 分钟预热启动，14 小时 30 分钟打印）。
- 注塑时间：10 小时（2 小时手工，8 小时固化）。
- 组装时间：1 小时 30 分钟。
- 总时间：26 小时 30 分钟（4 小时手工，22 小时 30 分钟打印及固化）。
- 打印所有的四照花零件。
- 确保手边已经准备好所有硬件、耗材、零件和设备。
- 浇注四照花传感器（10 小时）。
  - 将模具的两半与型芯组装在一起。
  - 用胶带把两半模具粘上，并套上橡皮筋。
  - 分别量取 30 克 Ecoflex 00-50 A 号和 B 号硅胶并分别放入两个不同的杯子中。
- 将硅胶混合 60 秒。
- 将硅胶除气 5 分钟。
- 将硅胶倒入模具中（保留搅拌杯，检查固化过程）。
- 将模具除气 5 分钟。
- 将部件放置 1 小时。
- 将型芯从两半模具中取出。
- 修剪两半模具上的飞边。
- 将 10 克 Ecoflex 00-50 A 号硅胶和 10 克 Ecoflex 00-50 B 号硅胶在一个杯子里混合 60 秒。
- 用混合的 Ecoflex 硅胶涂满两半模具和所有注塑件盖的边缘。
- 将注塑件盖放在两半模具上并将其夹紧。
- 将装配好的组装件放置 3 小时。
- 脱模。
- 修剪飞边。
- 检查注塑件。

---

① 1 gauge = 1/100 密耳 = 1/100 000 英寸 = 25.4/100 000 毫米——译者注

○ 在 3 盎司的水中加入一滴过氧化氢（双氧水）。

○ 将双氧水溶液填满注射器。

○ 将注射器插入注塑传感器的背面并用双氧水冲洗它，直到没有气泡为止。

○ 取出注射器，擦干穿刺孔，用 Sil-Poxy 黏合剂修补。

○ 等待 Sil-Poxy 黏合剂固化 1 小时。

○ 组装力敏电阻

　　○ 用热胶把力敏电阻粘在外壳底座上。

○ 在电线和力敏电阻上涂锡。

○ 将电线焊接到力敏电阻上（将烙铁开低以防止力敏电阻熔化）。

○ 将细热缩管套过电线，用热风枪或打火机使其收缩。

○ 将宽热收缩管滑过力敏电阻组装件，并用热风枪或打火机进行收缩。

○ 根据电路原理图把面包板连接起来。

○ 将代码下载到 Arduino。

○ 完成！

操作说明

打印和浇注四照花

1. 将所有需 3D 打印的零件打印下来。记得把壳体顶盖倒过来打印（见图 12-2），其他零件的打印方向也请注意（见图 12-3）。

2. 检查你打印好的零件，如果需要的话清理一下它们。

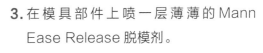
注意　请遵循我们在第 6 章中列出的打印检查清洁指南。

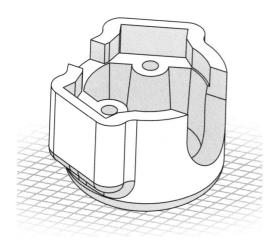

图 12-2　正确的壳体打印方向

3. 在模具部件上喷一层薄薄的 Mann Ease Release 脱模剂。

图 12-3　所有打印零件的正确方向

4. 准备好所有的注塑材料（见图 12-4）。

5. 通过连接左基座、右基座和型芯来将模具组装起来，组装图如图 12-5 所示。使用铝箔胶带固定模具的连接处避免出现漏缝，用橡皮筋将型芯固定住（见图 12-6）。

图 12-4　摆放好所有注塑材料

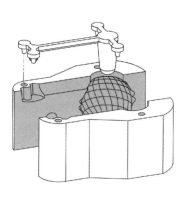

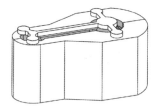

图 12-5　模具组装图

图 12-6　组装和黏合四照花模具

6. 混合 60 克 Ecoflex 00-50 号硅胶并脱气（见图 12-7）。

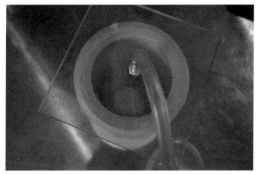

图 12-7　测量硅胶并将硅胶脱气

7. 将硅胶倒入模具部件中，直到刚好到达模具顶部。一定要慢慢地以一个小细流的速度倒入，直到材料刚好到达模具的顶部线。你可以用一块塑料或卡片纸来将多余的硅胶挤出去（见图 12-8）。

8. 将两半模具放入真空室中，脱气 5 分钟。在腔内它可能会起泡并溢出。如果发生了这种情况，不必担心，只需要在脱气结束后再加一点点硅胶即可。

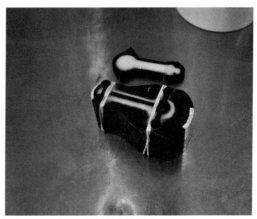

图 12-8　用硅胶填充后的模具

小贴士 你的硅胶多久能固化取决于你所在房间的温度。Ecoflex 00-50 号硅胶混合后的液体凝固时间为 18 分钟。这段时间被称为**固化期**（pot life）。然而，这个时间会随着温度的变化而变化。预估的 18 分钟时间是假设你在 73 华氏度的环境下浇注，但是当你在较温暖的环境下浇注时，固化期就会缩短，在较冷的温度下则会下延长。根据经验，比室温每增加 18 华氏度（10 摄氏度），化学反应的速度就增加一倍，而比室温每降低 18 华氏度（10 摄氏度），化学反应的速度就减少一半。

你要做的就是用一些新鲜混合的硅胶作为黏合剂，把两个硅胶注塑件黏合在一起。当硅胶的大部分区域中橡胶分子可以组成新的结合时，形成的注塑件之间的密封是最强的。随着硅胶的固化，越来越多的这种分子会连接在一起，并找到它的分子伴侣，这样就越来越难形成坚固的密封。然而，如果硅胶的流动性太大也不行，因为当你试图连接两半注塑件时，硅胶则可能扭曲变形，甚至漏出整个模具。因此，连接两部分注塑件的理想时间是当你用戴手套的手指戳硅胶，你能感觉到它仍然是黏性的，但它也有足够的硬度，不会像口香糖一样在你的手指下变形。把你的混合杯放在手边，这样你就可以方便地测试硅胶的硬度，而不要用手去戳你的模具。当准备好进行下一层浇注的时候，硅胶应该是真正的果冻的质地和黏度，在被触摸时它应该会弹回来，而不是四处移动，但仍然感觉是黏稠的。你可以用戴着手套的手指测试一下。

9. 将模具在水平的平面上放置约 1 小时。

将四照花部件脱模并进行组装

1. 移除型芯（见图 12-9）。

警告 当你移除型芯时，注意不要将两半模具分开。

图 12-9　移除型芯的过程

2. 用指甲剪修剪掉两半模具顶上的多余硅胶（见图 12-10）。

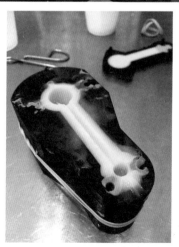

图 12-10　修剪两半模具部件上的多余硅胶

3. 混合 10 克 A 部分和 10 克 B 部分 Ecoflex 硅胶，搅拌 60 秒。这一小部分不需要脱气。

4. 用小工艺刷在刚刚用指甲剪清理过的表面涂上硅胶，确保两半模具的顶部有一层薄而均匀的涂层。在另外一个单件模具的顶部也涂上一层薄薄的硅胶（见图 12-11）。

图 12-11　在这两个部件上涂一层薄薄的硅胶

5. 将平的那块模具放在两半模具的上方，并对准销孔，然后用几根橡皮筋将两部分固定起来（见图 12-12）。这些零件之间形成的连接应该是非常平滑的，并且你应该会看到一小部分硅胶从接缝处挤出。将装配好的部件翻转过来，使两半模具位于平的那块模具的上方。

6. 让模具固化至少 3 小时。

四照花脱模

1. 拆下橡皮筋，将螺丝刀插入两半模具的槽口中，然后将其撬开，这样就可以拆下浇注好的四照花了。拆开两半模具后，剩余的模具组件应该很容易就能从浇注的四照花传感器上剥离下来（见图 12-13）。

2. 修剪传感器的飞边（见图 12-14）。

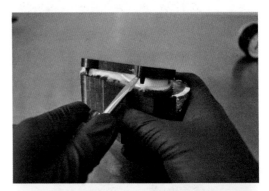

图 12-12　将两个模具配对固定起来

图 12-13　把模具打开

3. 向一次性容器中倒入 3 盎司[⊖]水，加入一滴双氧水。双氧水可以防止水在液压传感器中停留很长时间后变得浑浊。

图 12-14　修剪和清理四照花传感器

4. 将注射器的针尖插入杯中，注入约 10 立方厘米的水（见图 12-15）。

5. 用注射器刺穿硅胶传感器的背面，在垂直握着传感器的同时开始填充硅胶传感器。注射器只需要几毫米就可以刺穿四照花的外壁，这样你就可以用水填充中空的内腔。你需要让所有的气泡都停留在注射器的末端。

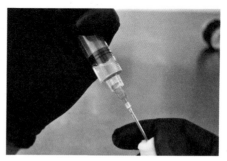

图 12-15　插入注射器

6. 使用注射器交替向硅胶中注满水和吸干气泡，直到注射器中不再能吸出气泡，并且球体的形状与开始时一样（见图 12-16）。填充球体大约需要 4 立方厘米水（通过注射器侧面的量标估测）。

图 12-16　用注射器里的水来回地冲洗，直到四照花传感器里没有气泡为止

⊖　1 盎司 = 28.35 克。——编辑注

7. 如果四照花周围的接缝漏水，用纸巾擦干，并用硅胶涂在漏水处（见图 12-17）。尽可能用刷子将 Sil-Poxy 黏合剂推入导致泄漏的间隙中，并将其放在一边，直到黏合剂固化（大约 1 小时）。

图 12-17　封住四照花传感器的末端

8. 取出注射器，将出口孔擦干，并在插入注射器的地方涂上一小点 Sil-Poxy 黏合剂。

组装四照花

1. 等待 Sil-Poxy 黏合剂晾干（大约需要 1 个小时），将硅胶传感器的一端插入打印的外壳中（见图 12-18）。如果一切操作正确，你应该能够挤压球形的四照花并看到另一端膨胀起来。

图 12-18　四照花的末端插入打印的外壳

2. （可选）用记号笔在两块磁铁上标上 N 极和 S 极（见图 12-19），然后将它们插入硅胶注塑件传感器一端的槽中。把它放在指南针旁边，你就能知道哪极朝的是哪个方向。指南针的磁极将与磁铁的保持一致，即其 N 极和 S 极与磁铁的 N 极和 S 极对齐。

当你把磁铁放在传感器外壳中时，你可以把它们相反的磁极朝外。这样你就能把多个传感器连接在一起，它们会紧挨着在一起。将磁铁插入四照花的外壳，你就能把它们连在一起，这样你就可以按你的想法连接成多个四照花，并把它们用作电路接口、玩具、乐器或其他好玩的东西。

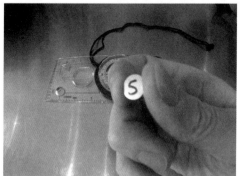

图 12-19　识别磁极并做上标记

接线并下载程序

1. 将力敏电阻放入外壳底部的凹槽中,滴一滴热胶,用拇指按压,直到热胶和力敏电阻变平齐。
2. 将引线焊接到力敏电阻上,用热收缩的方式加固两根导线(见图 12-20)。

图 12-20　焊接在力敏电阻上的导线

> **小贴士**　使用烙铁的低温设置,以确保在焊接时力敏电阻不会被高温熔化。

3. 在力敏电阻周围再放置一个较大的热缩管,并用热风枪或打火机将其固定(见图 12-21)。

图 12-21　用热缩管加固力敏电阻

4. 用两个自攻螺钉将装置拧在一起。
5. 使用图 12-22 中的电路图,将 Arduino 开发板和面包板与 LED 和力敏电阻连接起来(这里我用的是 Adafruit 原型模块,不过用任何面包板都可以)。连接好的电路应该如图 12-23 所示。

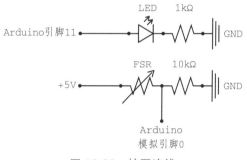

图 12-22　按图连线

6. 将以下代码（也可以在SparkFun的
力敏电阻例程中找到）下载到Arduino
开发板中。

图 12-23　连好的电路

```
/***********************************************************
Force_Sensitive_Resistor_Example.ino
Example sketch for SparkFun's force sensitive resistors
(https://www.sparkfun.com/products/9375)
Jim Lindblom @ SparkFun Electronics
April 28, 2016
Create a voltage divider circuit combining an FSR with a 10k resistor.
- The resistor should connect from A0 to GND.
- The FSR should connect from A0 to 3.3V
As the resistance of the FSR decreases (meaning an increase in pressure), the
voltage at A0 should increase.
Development environment specifics:
Arduino 1.6.7
***********************************************************/
const int FSR_PIN = A0; // Pin connected to FSR/resistor divider
// Measure the voltage at 5V and resistance of your 3.3k resistor, and enter
// their value's below:
const float VCC = 4.98; // Measured voltage of Ardunio 5V line
const float R_DIV = 3230.0; // Measured resistance of 3.3k resistor
int ledPin = 11; // LED connected to digital pin 11
void setup()
{
  Serial.begin(9600);
  pinMode(FSR_PIN, INPUT);
}
void loop()
{
  int fsrADC = analogRead(FSR_PIN);
  // If the FSR has no pressure, the resistance will be
  // near infinite. So the voltage should be near 0.
  if (fsrADC != 0) // If the analog reading is non-zero
  {
  // Use ADC reading to calculate voltage:
  float fsrV = fsrADC * VCC / 1023.0;
  // Use voltage and static resistor value to
```

```
// calculate FSR resistance:
float fsrR = R_DIV * (VCC / fsrV - 1.0);
Serial.println("Resistance:" + String(fsrR) + "ohms");
// Guesstimate force based on slopes in figure 3 of
// FSR datasheet:
float force;
float fsrG = 1.0 / fsrR; // Calculate conductance
// Break parabolic curve down into two linear slopes:
if (fsrR <= 600)
force = (fsrG - 0.00075) / 0.00000032639;
else
force = fsrG / 0.000000642857;
Serial.println("Force:" + String(force) + "g");
Serial.println();
analogWrite(ledPin, force);
delay(50);
}
else
{
// No pressure detected
}
}
```

7. 挤压四照花球体来改变 LED 的亮度（见图 12-24）。完成！

现在，你可以制作多个四照花传感器，并把它们连在一起创造一个乐器，使用一个四照花作为触觉开关，或使用它通过 Arduino 发送莫尔斯电码。这是一个多功能、耐用的小型传感器，你只需要对它进行改造、摆弄、再重新组合，就能获得很多好玩的功能。

图 12-24　挤压球体

第13章

红隼夹爪——软体气动夹持器

红 隼是一种群居的食肉性鸟类，尽管体型不大，但爪子的抓握力却很强。红隼的体重很轻，可以在地面上空盘旋，只需要迎着一点微风，它们就能自由地飞行。同时它们也很强壮，足以将昆虫和小型啮齿动物等猎物从地面上抓走，并在半空中吃掉。

以红隼为灵感制作的红隼夹爪只有三个运动部件（即三个夹指），但却可以抓起各种各样的物体（见图13-1）。靠着一点点气压，红隼夹爪的软体执行器就会弯曲并包裹住目标物体。软体执行器的一个优点是，

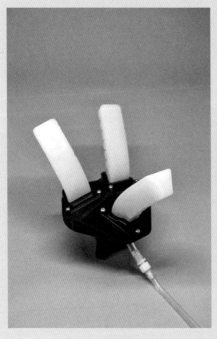

图 13-1　红隼夹爪（左）以及用红隼夹爪抓起一个咖啡杯（右）

无论它们接触到目标物体的哪个表面，都会包裹着目标物体弯曲从而紧紧地抓住物体。这是通过增加执行器的压力，导致夹爪与目标物体接触的面积随之增大而实现的。某种意义上，红隼的夹爪和螃蟹的钳子是完全相反的。当给系统增加更多的能量时，蟹钳这种刚性的夹爪会在接触到目标的点上增加施力。由于所施加的力是聚焦在几个点上的，所以抓取物体的时候很容易损坏物体。相反，柔性夹爪的抓取就温柔许多。

柔性夹爪也是软体机器人研究人员最早使用的技术之一。Festo 公司的 Fin Ray 夹持器和 Soft Robotics 公司的 M4FR 夹持器现在都出现在工厂的生产线上，处理像面包和农产品这样的精细物品。

项目：
制作红隼夹爪

打印好的零件

3 个打印的夹持器连接器

打印的夹持器基座

打印的夹持器手柄

打印的由以下部件构成的夹持器
夹指模具

- 模具正面
- 模具型芯
- 模具背面
- 角托架

设备

电子秤

真空室（有关如何制作真空室的说
明，请参阅第 9 章。）

T10 梅花螺丝刀（McMaster-Carr
#5756A14 号零件）

指甲剪

标准剪刀

空气泵（在第 14 章中，我们将使用
由压缩机驱动的控制系统来驱动夹
持器。）

（可选）热风枪

（可选）平头螺丝刀

（可选）压缩空气源（带有小鼓风机
喷嘴或密封空气的压缩机）

（可选）牙签

（可选）热熔胶枪

（可选）喷雾瓶

（可选）弹簧夹

硬件

12×8 毫米 M3 塑料用螺纹
成形螺钉（McMaster-Carr
#96817A908 号零件）

1×1/4 英寸软管倒钩转母头鲁尔
接口配件（Cole-Parmer #EW-
45502-20 号零件）

3 英寸长、1/4 英寸内径的 PVC 软管

消耗品

Smooth-On Ecoflex 00-50 号硅
胶（2 加仑装）(本项目将使用 150 克
硅胶。如果你只打算完成本项目，你
可以在 Smooth-On 公司官网选购 2
品脱装的 Ecoflex 00-50 硅胶。)

Sil-Poxy 黏合剂

工艺刷	橡皮筋
混合杯	Mann Ease Release 200 脱模剂
丁腈手套	异丙醇
工艺棒	纸巾
铝箔胶带	（可选）肥皂水

制造纲要

- 打印时间：39 小时（30 分钟预热启动，38 小时 30 分钟打印）
- 注塑时间：每根夹指 4 小时 30 分钟（1 小时手工时间，每根夹指需要 3 小时 30 分钟等待时间，三根夹指共 13 小时 30 分钟）
- 组装时间：1 小时
- 总时间：52 小时 30 分钟（4 小时 15 分钟用于手工制作，41 小时 15 分钟用于打印及固化）

○ 打印所有的红隼夹爪部件。

○ 确保手边已经准备好所有硬件、耗材、部件和设备。

○ 浇注夹持器的夹指（大约需要 3 小时 30 分钟）

　　○ 分别取 25 克 Ecoflex 00-50 A 号和 B 号硅胶并分别放入两个不同的杯子中。

○ 将模具的两半与型芯组装在一起。

○ 将硅胶混合 1 分钟。

○ 将硅胶脱气 5 分钟。

○ 将硅胶倒入模具中（保留搅拌杯，检查固化过程）。

○ 将模具脱气 5 分钟。

○ 将模具继续填满硅胶。

○ 让硅胶固化至少 3 小时（可在夜间进行）。

○ 脱模。

○ 修剪飞边。

○ 检查注塑件，必要时进行修补。

○ 将空气泵组装件的末端插入注塑夹指中约 1 英寸的位置，并用手指挤压夹指周围，以形成一个临时的密封环境，来测试夹指。挤压空气泵，使夹持器充气。如果夹持器有任何泄漏，你应该能通过将夹持器放到嘴唇边或脸颊上（你的身体有大量神经，可以很容易地

检测到空气中的轻微运动）来感觉
到是否有空气逸出。

○ 重复注塑过程，直到完成三根夹指。

○ 组装你的执行器（大约需要 1 小时）。

　○ 组装红隼夹爪的基座。

　○ 用螺纹成型螺钉将三根夹指装配到
　　基座上。

　○ 用手泵测试你装配好的红隼夹爪。

○ 大功告成！项目示意图如图 13-2
　所示。

图 13-2　项目示意图

操作说明

3D 打印所有部件

1. 首先使用第 6 章中推荐的设置打印出所
   有的红隼部件。

   对于模具和夹持器基座，重要的是你要
   确保外壁足够坚固，这样它们就不会让
   任何硅胶或空气泄漏通过。夹持器的连
   接器需要支撑材料才能正确打印。此项
   目中的所有其他部件都不需要支撑材料。

2. 打印各个模具部件（红隼夹爪模具的正面、
   背面、角托架和型芯），与将要安装夹指的
   部件（红隼夹爪基座、手柄和连接器）分开
   打印。这样安排，可以让你在其他部件
   仍在打印时就能开始进行注塑，节约时间。

3. 当你打印完模具后，按正确的方向摆好
   （见图 13-3），并检查一下打印件上有
   没有带上打印丝或坑洼和颗粒。

图 13-3　打印好的部件，以正确的方向摆放好

4. 检查模具件的组装（见图 13-4）。有两
   个关键的关系需要注意：

   a. 当你从正面看它的时候，模具型芯
      需要处于模具的中心。确保型芯美
      观、笔直，并自然地位于模具型腔
      （正面和背面拼成）的中间。如果它
      不是笔直的，就把它弯成对齐的。

   b. 型芯的底面（制作时在打印床上的部
      分）需要与模具表面平行。

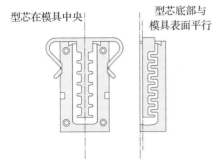

型芯在模具中央　　　型芯底部与
　　　　　　　　　模具表面平行

图 13-4　检查型芯与模具之间的匹配质量

> **注意**　在继续下一步之前，请参阅第
> 8 章以获得更多的硅胶注塑技巧。

浇注一个夹指

1. 模具通过检查合格后，就可以在模具上喷上一层 Mann Ease Release 脱模剂。这一步能帮助注塑件轻易地从模具里脱离干净。

   液态硅胶并不容易与许多材料粘连，但却可以粘在其他硅胶上。所以使用脱模剂并不是必需的，但这却是一个提高注塑质量的细节。请记住按照喷雾瓶上的

> **注意**　如果你没有 Mann Ease Release
> 脱模剂（可在 Smooth-On 公司官网和
> 亚马逊网上买到），也可使用其他能将
> 材料从硅胶上脱离下来的同类脱模产
> 品，但不要使用含有硅胶的产品。这两
> 种很容易被混淆，选择的时候要注意。

说明进行操作，并且只能使用很薄的一层喷雾。过多的脱模剂会对注塑件产生负面影响。只能在通风良好的地方喷洒脱模剂，如果你手边有防毒面具或者口罩，最好戴上后再操作。

2. 把模具放在一起，沿着模具接缝贴上一条铝箔胶带。注意不要把胶带带入型芯所在的型腔内（见图 13-5）。

3. 用你的拇指指甲把铝箔胶带紧紧地压在模具部件之间的接缝上，使它形成一个牢固的密封。这有助于保证你倒硅胶时硅胶不会从模具中漏出来。防止泄漏比修补已经泄漏的模具要容易得多。

4. 收集以下材料和设备准备浇注：手套、

图 13-5　把模具用铝箔胶带贴好

图 13-5 （续）

硅胶、工艺棒、杯子、真空室、电子秤（见图 13-6）。

图 13-6 摆放所有材料

5. 把一个一次性杯子放在秤上，按下"去皮"（tare）或"归零"（zero）按钮来抵消杯子的重量，这样你就可以测量你要倒的材料的重量了。

6. 首先将等量的 A 部分硅胶和 B 部分硅胶（各 25 克）倒入杯子里（见图 13-7）。

7. 用工艺棒将 A 和 B 两部分完全混合。用画数字 8 的形式搅拌，并且默数 60 次。记得把杯子的侧面和杯底刮干净。你一定不希望一点点未固化的材料就毁掉你的注塑件吧。

8. 用真空室进行脱气。为此，执行以下步骤：

    a. 把混合硅胶的杯子放在真空室的底部。

    b. 密封真空室并连接真空泵。

    c. 将真空室压至至少 20 英寸汞柱（真空度越高越好），并保持在该压力下 5 分钟。

    d. 按下泵前部的放气阀按钮，释放真空室中的压力。

    e. 打开盖子，检查是否有硅胶滴入。

图 13-7 测量和混合两种硅胶

用纸巾和异丙醇擦掉任何你发现的东西。

9. 将模具放在角托架上，你应该可以看到模具正面部件上的梳状肋片朝上（见图 13-8）。这样它们就不会那么容易裹入气泡。

10. 将硅胶倒入模具中，在模具开口上方约 4 英寸处以一条细流倒入，确保不会在模具中夹杂其他气泡。细流的宽

度应该不超过 2 毫米。

11. 用第 8 步描述的步骤对模具进行脱气。

12. 取下 15 度角托架，将模具直立放置在平整的表面上，然后填充模具，直到硅胶与模具表面平齐。

13. 让模具在不会受到干扰或翻倒的地方直立固化至少 6 小时。

14. 模具固化后，将平头螺丝刀放在模具底部的一个槽中并扭转。这样模具应该很容易就裂开了。模具的底部会先脱落。剩余的一半模具、夹持器夹指和型芯都将在一个整块注塑件中。这时用你的指尖一点点把夹指从模具中剥离出来（见图 13-9）。

图 13-8　用角托架支撑起模具并倒入硅胶

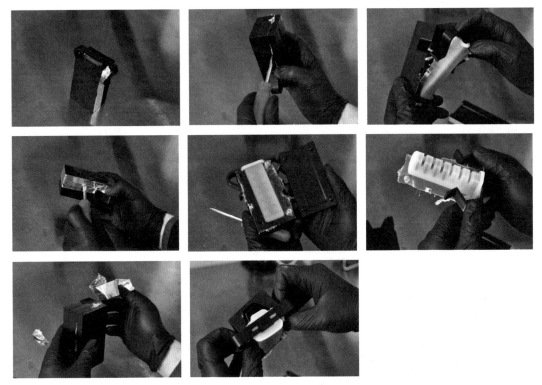

图 13-9　将夹指从模具中脱出

15. 当橡胶部分从外部模具中移除后，你就可以把型芯取下来了（见图 13-10）。将橡胶夹指从型芯上一段段取下来。在模具和橡胶之间可以喷一些压缩空气，有助于让夹指从型芯中快速脱离下来。

16. 在两半模具中间残留的材料就是飞边（flashing）了。用一把指甲剪把它从注塑件上小心地修剪干净，确保不要用剪刀尖刺穿橡胶（见图 13-11）。

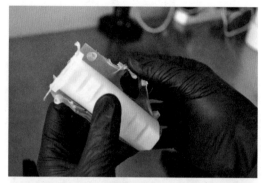

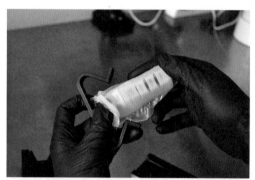

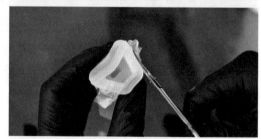

图 13-10 移除型芯

图 13-11 从夹指上去除飞边

17. 测试你做好的夹指。将夹指的开口端套在空气泵组件的出口上，并将管子深入夹指内大约 1 英寸的位置。用拇指和食指围成一个圈，挤压管子周围的夹指，然后充气，检查注塑件是否有任何穿孔或缺陷。

18. 如果发现夹指上有孔或有气泡需要修补，用记号笔标出。当夹指漏气时，这些标记将使这些漏气的区域更容易被找到。

19. 在干净的一次性表面（如小卡片）上轻轻拍上一些 Sil-Poxy 黏合剂，在牙签尖端涂上黏合剂，然后将牙签推入夹指上的孔中。尽可能地在孔后面的内表面沿着它的整个长度，以及它的出口的外表面上形成一层涂层。在孔的周围形成这种附加的黏合剂凸缘将有助于防止孔被撕开（见图 13-12）。

20. 使用上述方法继续制造两个夹指。

图 13-12　修补夹指注塑件上的孔

组装红隼夹爪

当你完成三只夹指的制作后，就可以把它们和打印好零件组合在一起，构成红隼夹爪了。

1. 把每个硅胶夹指注塑件穿过并套在三角形的夹爪连接器上（见图 13-13）。

2. 取一根 1.5 英寸长的 1/4 英寸软管，并在软管末端再连上一个 1/4 英寸倒钩转鲁尔连接器。

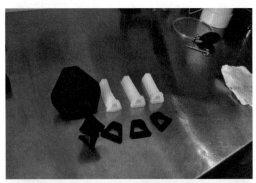

图 13-13　将夹指安装在连接器上

3. 把 1/4 英寸长软管的开口部分压入打印在红隼夹爪上的插口中（见图 13-14）。

图 13-14　连接进气口软管

4. 使用梅花螺丝刀，在每个孔上安装螺纹成型螺钉，将手柄连接到红隼夹爪的插口上（见图 13-15）。

这些孔的设计都能让紧固件只需要自身的螺纹而不需要额外的螺母就能起到固定的作用。你在往里拧紧固件的时候，应该感受到比标准螺钉稍大的阻力，直到手柄与红隼夹爪的插孔平齐。

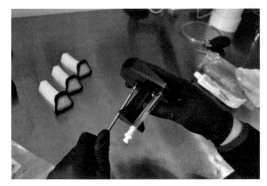

图 13-15　将手柄连接到红隼夹爪插口上

5. 在红隼夹爪每一个插口中心的凸起周围刷上一小圈 Sil-Poxy 黏合剂（见图 13-16）。这将有助于隔绝空气，防止夹指泄漏。

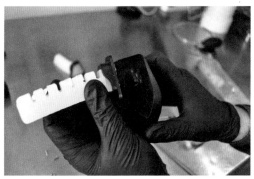

图 13-16　在红隼夹爪插口底部的凸起周围涂上一圈 Sil-Poxy 黏合剂

6. 与连接手柄和插口的方法一样，用梅花

螺丝刀和螺纹成型螺钉将三个夹持器连接到插口上（见图 13-17）。

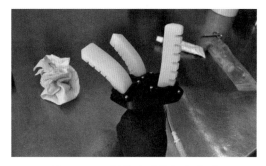

图 13-17　组装完成的红隼夹爪

7. 将空气泵连接到鲁尔连接器上，启动夹爪。如果一切都连接得很好、很紧密，就可以用它来抓取你工作空间里的物品了（见图 13-18 和图 13-19）。

图 13-18　第一次尝试使用做好的夹爪

小贴士 如果夹持器总是漏气太快，无法牢固地抓住物体，就需要检查可能漏气的地方。将夹持器充满气，然后把脸贴在空气进入打印基座和夹持器连接器的连接处。这样就应该能够感觉到漏气的位置。如果还是不能确定哪里漏气，可以在一杯水中加入一些洗洁精或者肥皂水，然后把漏气的地方对着水溶液，通过漏气产生的气泡找到夹持器漏气的位置。如果是其中的一个连接器漏气了，那么就把它取下来，检查是否有飞边产生了让空气漏出的通道。如果漏气点在软管端部，则取下打印的手柄，在其底部（连接到插口的位置）周围涂上一圈热熔胶，然后在胶水还没有冷却的时候迅速重新连接好。黏合前记得把残留的肥皂水冲洗干净。

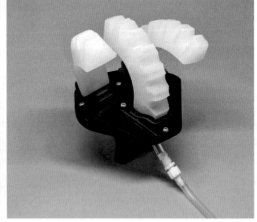

图 13-19　完成的作品

第14章

软体机器人
气动控制模块

到目前为止，我们已经讨论了很多关于软体机器人的机制和原理，但是我们还想为你提供一种方法，来扩展你对软体机器人的探索，从而真正突出"机器人学"部分的内容。本章介绍的这个简单的气动控制模块可以让你使用 Arduino 编程多达四个气动通道。本章使用 PlayStation 4 的 DualShock 4 无线控制手柄作为输入设备，让你可以对机器人进行无线控制，不过 Arduino 作为一个灵活的控制平台也支持许多其他可能的输入接口（包括第 12 章中的四照花传感器）。

这是一个简单、低成本、易用于探索的气动机器人平台（见图 14-1），其难度与 Pneuduino 和 Soft Robotics Toolkit 控制器等项目一脉相承。它的设计风格非常友好，由像软心豆粒糖一样常见的零件组成，非常容易在网上购买。

我们用于驱动该系统的代码最初是由 Kristian Lauszus 编写的，Trammell Hudson 对该

图 14-1　气动控制模块总装配图

示例的实现做出了巨大的贡献，他提出了一种简单、持久的任务循环方法。

本章假设你已经有了 Arduino 编程、电路板焊接和相关电子方面的一些经验。要了解更多关于 USB Host Shield 扩展版的信息，请查看以下资源网站：

- www.circuitsathome.com/arduino_usb_ host_shield_projects/
- https://github.com/felis/USB_Host_Shield_2.0

如果你需要复习一下，或者才刚刚开始学习电子焊接等相关电气知识，我们推荐以下教程：

- https://makezine.com/2011/11/15/collins-lab-schematics/
- https://learn.adafruit.com/adafruit-guide-excellent-soldering/tools

项目：
搭建软体机器人气动控制模块

打印部件

电源板

4 把角尺

设备

热胶枪

热风枪

剥线钳

小钳子

月牙扳手

烙铁

空气压缩机（我们使用的是 Airbrush City Model 1601 [115 V 交流电，1/8 马力[⊖]]，但价格在 40 ～ 100 美元范围内的压缩机性能基本一样。再准备一个空气泵，其电机在 1/8 至 1/4 马力之间，可排出超过 0.5 cfm[⊜]的空气，并可以压缩 10 psi 以上的空气。）

T10 梅花螺丝刀（McMaster-Carr #5756A14 号零件）

束线枪

万用表

用于焊接的耐热工作表面（一张胶合板或金属工作台效果很好。）

（可选）助焊剂

硬件

4 个电磁阀（直流 12 V，常闭；在 eBay 上的商品编号是 CJV23-C12A1。）

USB Host Shield 扩展板（我们使用的是 Keyes USB Host Shield 扩展板，但我们测试了官方的 Arduino USB Host Shield 扩展板，它也可以用于替代。）

Arduino Uno

8 根公头杜邦线

血压计释放阀（通常购买连接这些阀门的血压计手泵然后把橡胶球拔下来，这样会更便宜。本项目需要用一个阀门来测试，但是如果你想要完成气动电源的话，总共需要四个阀门。）

⊖ 1 马力 ≈ 735 瓦特。——编辑注

⊜ cfm，即 Cubic Feet per Minite，表示立方英尺每分钟，为气体流量单位。——译者注

四通空气歧管（在 eBay 上可以用"水族箱管分流器"（aquarium tube splitter）或"塑料空气歧管（plastic air manifold）"或这些术语的某种组合来搜索。）

12 V 直流壁式电源适配器

Adafruit Perma-Proto 面包板

USB 蓝牙模块（我们现在使用的是亚马逊上的一种标注为 CSR 4.0 的模块。）

5 V USB 电源

USB A / B 电缆

面包板

DualShock 4 控制手柄

四通道继电器板（在 eBay 上商品编号 811820021072 处列出。如果找不到，可以在网上搜索关键字"4 通道，DC 5 V，继电器，板，开关，模块"。）

八线制 6 英寸母对公杜邦线（最好使用多于八根的杜邦线，你只需手动剥去多余的线即可。）

1/8 英寸外螺纹 NPT 转 1/8 英寸倒钩接头（用于空气泵软管，尺寸可能因你的压缩机而异。）

5 毫米中号束线带

9 个 8 毫米 M3 塑料螺纹螺钉

（McMaster-Carr #96817A908 号零件）

鲁尔接头配件

2 个公头 1/4 英寸倒钩转公头鲁尔接头（Cole-Parmer #AO-45505-19 号零件，McMaster-Carr #51525K126 号零件）

公头 1/8 英寸倒钩转母头鲁尔接头（Cole-Parmer #AO-45502-04 号零件，McMaster-Carr #51525K123 号零件）

直流电源管状插孔适配器

消耗品

强力胶

软管

8 英寸长的 3/16 英寸内径 PVC 管

4 英寸长的 1/4 英寸内径 PVC 管

3 英尺长的 1/8 英寸内径 PVC 管

12 英寸 24 guage 红线

12 英寸 24 guage 黑线

焊料（锡丝）

1 英寸长，3/8 英寸宽的收缩管

1 英寸长，1/4 英寸宽的收缩管

该项目的系统示意图如图 14-2 所示。

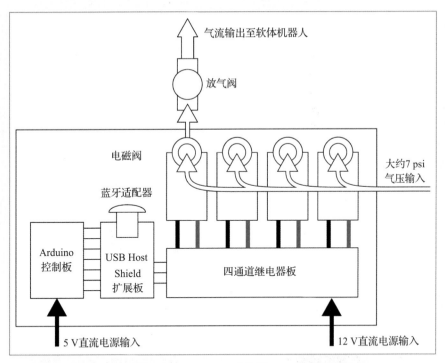

气流输出至软体机器人

放气阀

电磁阀

大约 7 psi
气压输入

蓝牙适配器

Arduino
控制板

USB Host
Shield
扩展板

四通道继电器板

5 V 直流电源输入

12 V 直流电源输入

图 14-2　系统图

操作说明

搭建并测试电子设备

1. 首先查看图 14-3 中的接线图,了解这些电子零件如何协同工作。

2. 将电磁阀放在耐热表面(如胶合板)上,并保持阀杆朝上。

3. 将 2 英寸长的黑线焊接到电磁阀左侧触点,将 2 英寸长的红线焊接到电磁阀右侧触点。对剩下的三个电磁阀重复这个过程,焊接效果如图 14-4 所示。

4. 按照图 14-5 中的接线方式将电磁阀连接到继电器板上。

要完成继电器端电路的连接,需要使用 1 英寸长的红色电线同时连接所有电源端子(在每个继电器的右侧)。再使用 1 英寸长的黑色电线将接地端子(在继电器的左侧)连接在一起。将另一个跳线连接到最左侧的接地端子,以连接面包板上的 12 伏电源接地。

用同样的方法,用 5 伏插头插上你的 12 伏特直流插头的插孔。

5. 把插头插到管状适配器的正端,然后把 12 伏的电源插到面包板上。最后将电源插入墙壁上的插座中。

6. 用万用表测试管状适配器,以确定电源的极性。

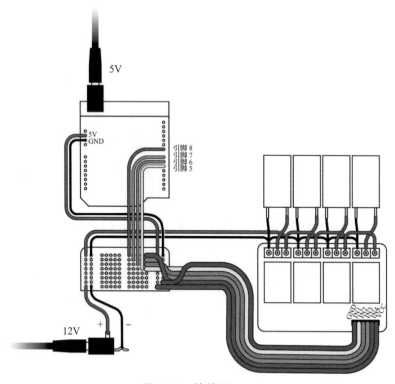

图 14-3　接线图

图 14-4　电磁阀

7. 将 1 英寸长的黑色电线焊接到直流管状插孔适配器的接地引脚上，并将 1 英寸长的红色电线焊接到适配器的电源引脚上（见图 14-6 和图 14-7）。

8. 将电线弯曲成一个小 S 形的曲线，电源插孔部分焊接完成后，可以通过小钳子轻松地调整电线的间距。

9. 按照图 14-8 中的接线图，将带状杜邦线连接到面包板上（见图 14-9）。将带状杜邦线的另一端连接到继电器板上。

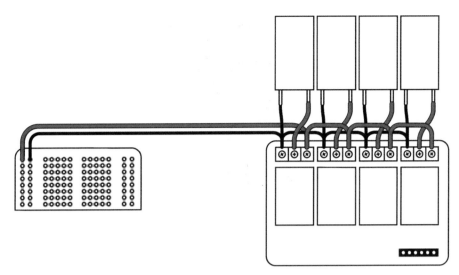

图 14-5   电磁阀接线图

图 14-6   连接管状插孔适配器

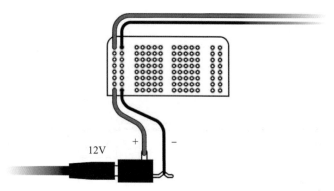

图 14-7　管状插孔适配器接线图

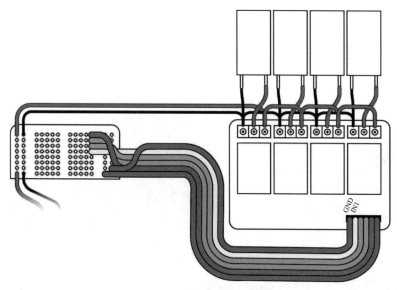

图 14-8　带状杜邦线接线图

图 14-9　连接带状杜邦线

10. 将插入了蓝牙适配器的 USB Host Shield 扩展板连接到 Arduino 上。

11. 按照图 14-10 中的接线图通过面包板连接到继电器板。

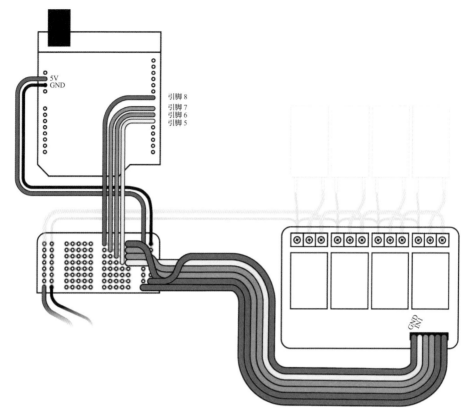

5V
GND

引脚 8
引脚 7
引脚 6
引脚 5

GND
IN1

图 14-10　带状杜邦线连接到 Arduino 接线图

12. 将管状插孔电源适配器的电线插入
面包板（图 14-3 的接线图上显示
+12V 的位置）。

当你的实验平台完成后，整体连接应
如图 14-11 所示。

图 14-11　电气控制模块的电源系统已连线并准
备测试

13. 将下面的代码加载到 Arduino 上（确保你的 Arduino 安装了必要的库）：

```
/*
 Example sketch for the PS4 Bluetooth library - developed by Kristian Lauszus
 For more information visit my blog: http://blog.tkjelectronics.dk/ or
 send me an e-mail: kristianl@tkjelectronics.com
 */
#include <PS4BT.h>
#include <usbhub.h>
// Satisfy the IDE, which needs to see the include statement in the ino too.
#ifdef dobogusinclude
#include <spi4teensy3.h>
#include <SPI.h>
#endif
USB Usb;
// USBHub Hub1(&Usb); // Some dongles have a hub inside
BTD Btd(&Usb); // You have to create the Bluetooth Dongle instance like so
/* You can create the instance of the PS4BT class in two ways */
// This will start an inquiry and then pair with the PS4 controller - you
// only have to do this once
// You will need to hold down the PS and Share button at the same time, the
// PS4 controller will then start to blink rapidly indicating that it is in
// pairing mode
PS4BT PS4(&Btd, PAIR);
// After that you can simply create the instance like so and then press the
// PS button on the device
// PS4BT PS4(&Btd);
bool printAngle, printTouch;
uint8_t oldL2Value, oldR2Value;
const int valvePin4 = 8;
const int valvePin3 = 7;
const int valvePin2 = 6;
const int valvePin1 = 5;
int ledPin = LED_BUILTIN;
int ledState = HIGH; // ledState used to set the LED
unsigned long previousMillis = 0; // Stores solenoid toggle value
const long interval = 1000; // Interval at which to toggle
const unsigned long frequency_ms = 100; // pulse width for the relays
const unsigned long deadband_ms = 20; // minimum pulse width that we will
    output
unsigned long last_Lup_ms; // time of last up relay trigger
unsigned long last_Ldown_ms; // time of last up relay trigger
unsigned long last_Rup_ms; // time of last up relay trigger
unsigned long last_Rdown_ms; // time of last up relay trigger
void setup() {
  Serial.begin(115200);
  pinMode(valvePin1, OUTPUT);
  pinMode(valvePin2, OUTPUT);
```

```
    pinMode(valvePin3, OUTPUT);
    pinMode(valvePin4, OUTPUT);
    pinMode(ledPin, OUTPUT);
    digitalWrite(valvePin1,HIGH);
    digitalWrite(valvePin2,HIGH);
    digitalWrite(valvePin3,HIGH);
    digitalWrite(valvePin4,HIGH);
    digitalWrite(ledPin,HIGH);
#if !defined(__MIPSEL__)
    while (!Serial); //Wait for serial port to connect - used on Leonardo, Teensy and
other boards with built-in USB CDC serial connection
#endif
    if (Usb.Init() == -1) {
      Serial.print(F("\r\nOSC did not start"));
      while (1); //Halt
    }
    Serial.print(F("\r\nPS4 Bluetooth Library Started"));
}
void loop() {
  Usb.Task();
  unsigned long currentMillis = millis();
  if (PS4.connected()) {
    if (currentMillis - previousMillis >= interval) {
      //save the last time you blinked the LED
      previousMillis = currentMillis;

      //if the LED is off turn it on and vice-versa:
      if (ledState == LOW) {
        ledState = HIGH;
      } else {
        ledState = LOW;
      }
    }
    //set the LED with the ledState of the variable:
    digitalWrite(ledPin,ledState);
        int Lhaty = PS4.getAnalogHat(LeftHatY);
        int Rhaty = PS4.getAnalogHat(RightHatY);
//Begin Left Hat Loop
        unsigned long Lup_ms = currentMillis - last_Lup_ms;
        int pulse_Lup_ms = ((128 - Lhaty) * frequency_ms) / 128;

        if (pulse_Lup_ms < 0)
            pulse_Lup_ms = 0;
        if (Lup_ms > frequency_ms && pulse_Lup_ms > deadband_ms)
        {
          //start a new up pulse
          digitalWrite(valvePin1, LOW);
          last_Lup_ms = currentMillis;
          Lup_ms = 0;
        }
```

```
    if (Lup_ms > pulse_Lup_ms)
    {
      // stop the pulse
      digitalWrite(valvePin1, HIGH);
    }
    unsigned long Ldown_ms = currentMillis - last_Ldown_ms;
    int pulse_Ldown_ms = ((Lhaty - 128) * frequency_ms) / 128;
    if (pulse_Ldown_ms < 0)
        pulse_Ldown_ms = 0;
    if (Ldown_ms > frequency_ms && pulse_Ldown_ms > deadband_ms)
    {
      // start a new up pulse
      digitalWrite(valvePin2, LOW);
      last_Ldown_ms = currentMillis;
      Ldown_ms = 0;
    }
    if (Ldown_ms > pulse_Ldown_ms)
    {
      // stop the pulse
      digitalWrite(valvePin2, HIGH);
    }
// End Left Hat Loop
// Begin Right Hat Loop
    unsigned long Rup_ms = currentMillis - last_Rup_ms;
    int pulse_Rup_ms = ((128 - Rhaty) * frequency_ms) / 128;

    if (pulse_Rup_ms < 0)
        pulse_Rup_ms = 0;
    if (Rup_ms > frequency_ms && pulse_Rup_ms > deadband_ms)
    {
      // start a new up pulse
      digitalWrite(valvePin3, LOW);
      last_Rup_ms = currentMillis;
      Rup_ms = 0;
    }
    if (Rup_ms > pulse_Rup_ms)
    {
      // stop the pulse
      digitalWrite(valvePin3, HIGH);
    }
    unsigned long Rdown_ms = currentMillis - last_Rdown_ms;
    int pulse_Rdown_ms = ((Rhaty - 128) * frequency_ms) / 128;

    if (pulse_Rdown_ms < 0)
        pulse_Rdown_ms = 0;
    if (Rdown_ms > frequency_ms && pulse_Rdown_ms > deadband_ms)
    {
      // start a new up pulse
      digitalWrite(valvePin4, LOW);
      last_Rdown_ms = currentMillis;
```

```
    Rdown_ms = 0;
  }
  if (Rdown_ms > pulse_Rdown_ms)
  {
    // stop the pulse
    digitalWrite(valvePin4, HIGH);
  }
// End Right Hat Loop
  }
}
```

当代码加载完成后,蓝牙适配器
(dongle)应显示稳定的蓝灯(启
动后大约需要 10 秒钟适配器才会
亮起)。

14. 现在以配对模式打开 DualShock4
无线控制手柄的电源(按住 PS 和
SHARE 按钮 3 秒),它应该会立即
与 Arduino 平台完成蓝牙配对。

如果这样操作不起作用,手柄会发出
一组闪光,暂停片刻,然后重复闪烁
大约一分钟。如果在这段时间内无法
配对,手柄就会自动关闭。再单独按
下 PS 按钮,手柄就会进入另一种配
对模式,在新的模式下,前灯快速闪
烁 10 秒,然后自动关闭。

如果手柄无法完成配对,则可能是某些
特定原因造成的。你可以尝试以下操作:

- 仔细检查代码。如果它可以成功编译
  并加载到 Arduino 上,那么很有可
  能问题不出在代码上。但是,你需要
  确保在 Arduino 上已经安装了必要
  的头文件:PS4BT.h、usbhub.h、
  spi4teensy3.h 和 SPI.h。
- 如果蓝牙适配器无法启动,请重新

启动系统。我们发现 Arduino 有时
会出现蓝牙驱动程序发生故障的问
题,但这在重启一两次后基本可以
解决。如果在蓝牙驱动程序失败时
你正通过串口监听 Arduino,将看
到"OSC 没有启动"的提示消息。

- 如果蓝牙适配器亮了,但是手柄没有
  配对,重复使用 PS 按钮 + SHARE
  按钮方法配对并按住 PS 按钮(见
  图 14-12 和图 14-13)。我们发现手
  柄有时需要在两种模式之间循环才能
  正确配对。

如果代码验证通过并且在拨动摇杆时
继电器指示灯闪烁,则表明所有电子
装置工作状态良好(见图 14-14)。

图 14-12　使用 PS + SHARE 按钮配对

图 14-13　使用 PS 按钮配对方法

图 14-14　蓝色指示灯显示手柄已配对

组装气动系统

1. 把四通空气歧管的两端拔下来，在端部上加一小圈强力胶，然后把端盖放回原位固定（见图 14-15）。请等待几分钟使强力胶凝结，再进行打开空气系统等其他操作。

2. 用 2 英寸长的 3/16 英寸内径管将每个电磁阀连接到四通空气歧管上。

3. 现在要构造一个放气阀组件，如图 14-16 所示，请按照下列步骤操作：

　a. 取 1 英寸长的 1/4 英寸管，然后将其安装在放气阀的较大端上（它应该

是紧配合）。

　b. 取 1 英寸长的 1/8 英寸管，涂上强力胶，然后将其插入 1/4 英寸管。

　c. 将 1.5 英寸长的 0.5 英寸热缩管滑到 1/4 英寸管和 1/8 英寸管之间的接头上。

　d. 用热风枪或打火机加热热缩管，以确保两管固定在一起。

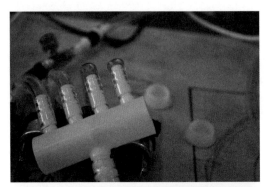

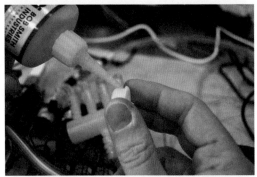

图 14-15　将两侧端盖固定到歧管上

e. 将 1 英寸长的 3/16 英寸内径管连接到放气阀的另一端。

f. 将 1/4 英寸倒钩转公头鲁尔接头插入 3/16 英寸管的一端，你需要用点力才能插入。

g. 将 1/8 英寸管连接到电磁阀上。

4. 将 2.5 英寸长 1/4 英寸内径管连接到四通空气歧管上。将一个 1/4 英寸的软管的末端连接到公头鲁尔接头。

5. 如果你的压缩机附带着软管，则必须将其卸下。装好后，用月牙扳手将 1/8 英寸 NPT 转 1/8 英寸倒钩紧固件的螺纹端，拧入空气泵调节器中。（NPT 接头的确切尺寸将根据泵的品牌和型号而有所不同。参考下面链接中的图表，根据泵端部螺纹孔的大小来匹配一个与你自己的泵合适的螺纹孔：http://machiningproducts.com/html/NPT-Thread-Dimensions.html。）

6. 将大约 3 英尺长的 1/8 英寸内径 PVC 软管连接到你刚拧进压缩机的接头上，然后将 1/8 英寸母头转鲁尔接头连接到开口端（见图 14-17）。

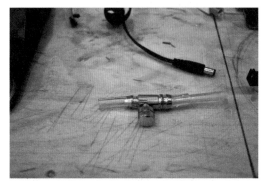
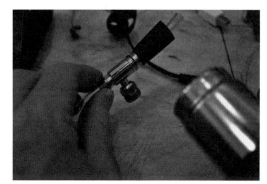

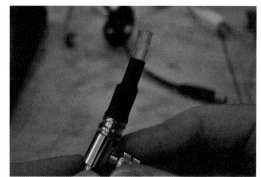

图 14-16 搭建放气阀

图 14-17　带有 PVC 软管和鲁尔接头的
空气压缩机

7. 将空气压缩机的压力调低至大约 7 psi
（由于泵的机械原理，压力表会跳动，
但是请调节压缩机上的调节器，直到 7
psi 处于指针摆动的两个极端位置之间
为止）。用你的手指阻止空气流动，以
确保压力表在最大压力下不会超过 7
psi，因为较高的压力有可能吹开塑料
四通歧管。

8. 把你的供气系统连接到气动控制模块上
并进行测试。在打开压缩机后，把手放
在部件之间的所有连接处，你不应该会
感到任何空气泄漏。如果你感觉到泄漏，
再次检查你是否已经将空气软管完全推入
它们的配件，并且检查是否使用了大小
正确的软管去匹配大小正确的倒钩接头。

9. 现在可以把手柄和 Arduino 配对，当
你调整左边的摇杆时，你应该能够控制
从放气阀组件中排出多少空气。

把所有的组件都转移到打印的底板上

1. 如图 14-18 所示，沿着第八排触点切
割 Perma-Proto 板（我们建议你在焊
接连接之前进行此操作，而不是像我们
那样事后再做）。

图 14-18　切割 Perma-Proto 板

图 14-19　将连接从面包板转移到 Perma-Proto 板

2. 采用跟面包板相同的线路布局将连接焊
　 接到 Perma-Proto（见图 14-19）。

3. 修剪所有凸出在 Perma-Proto 下表面
　 1 毫米的电线。

4. 打印出底板和底脚（见图 14-20）。

5. 用热熔胶把底脚粘到底板的角上。

6. 用自攻螺钉将 Perma-Proto 板、Arduino 和
　 继电器板连接到底板上（见图 14-21）。

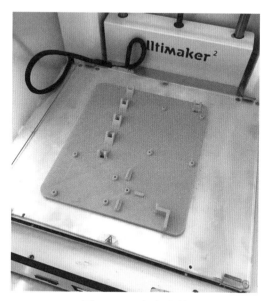

图 14-20　打印底板

图 14-21 将 Arduino 固定到底板上

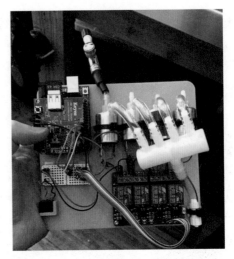

图 14-22 将底板上所有部件连接起来

7. 用束线带将螺线管固定到底板上。用束线带将四通空气歧管的末端固定到底板上。修剪所有多余的束线带。

8. 用热熔胶将管状适配器插孔固定到底板上。

9. 插入交流 USB 适配器，然后使用 USB A / B 电线将其连接到 Arduino。然后，插入 12 V 直流电源，并将其连接到管状适配器插孔（见图 14-22）。

10. 测试整个系统，首先配对手柄和驱动电磁阀，然后打开压缩机。如果一切正常，把它连接到你的红隼夹爪或"米其林小人"执行器上（见图 14-23）。

11. （可选）如果要进一步扩展，可以向每个电磁阀添加一个放气阀组件以进行四通控制。

你仍然可以通过 USB Host Shield 和 Perma-Proto 板上的额外焊点连接 Arduino，这意味着你可以从四照花传感器获取气压输入来使红隼夹爪弯曲。

图 14-23 使用电气控制模块驱动红隼夹爪

关于作者

Matthew Borgatti

　　Matthew Borgatti 是一位创客，同时也是一名设计师和工程师。你或许已经见识到他创造的这群"怪兽"，打印过他发布的零件，或者观看过他制作的视频。那些在你的创客空间里常见的某种技术，很有可能就是他创造的。

　　另外，他也是 Super-Releaser 公司的创始人和首席科学家。Super-Releaser 是一家开源软件机器人公司，致力于开发出能够让机器人从实验室走进千家万户的技术。他的公司主要开发软体机器人产品、制造方法、检测设备和相关应用。2007 年，他在美国罗德岛设计学院获得了工业设计学士学位。自那时起，他先后为 Bond 公司打造了一支绘图机器人舰队，撰写了五本书，为 Instructables 网站提供了多个家庭 DIY 项目，为 Makani 公司制作了风能发电风筝，为 TechShop 公司设计了 CNC 课程，为 NOVA 电视节目制作了一部纪录片。

Kari Love

　　Kari Love 是 Super-Releaser 公司的软体机器人专家，她在纽约大学交互通信项目教授"探索软体机器人的概念"一课。她还承担了美国宇航局资助的宇航服研究工作，制作了许多百老汇演出服装，制作和装扮木偶。曾经她还代表创客空间在白宫发表演讲，并在全球首个零重力婚礼中担任伴娘。所有这些看似不可能的想法，都在 Kari Love 的努力下变为了现实。